U0254851

四川蜂桶寨国家级自然保护区野生动植物科普丛书之九

四川（宝兴）蜂桶寨国家级自然保护区
维管地模植物原色图鉴

四川蜂桶寨国家级自然保护区管理局
四川省林业科学研究院 编著

四川科学技术出版社

图书在版编目（CIP）数据

四川(宝兴)蜂桶寨国家级自然保护区维管地模植物原色图鉴 / 四川蜂桶寨国家自然保护区管理局, 四川省林业科学研究院编著. —成都：四川科学技术出版社，2020.1
　　ISBN 978-7-5364-9713-9

Ⅰ. ①四… Ⅱ. ①四… ②四… Ⅲ. ①自然保护区－维管植物－宝兴县－图谱 Ⅳ. ①Q949.408-64

中国版本图书馆CIP数据核字（2020）第020498号

SICHUAN (BAOXING) FENGTONGZHAI GUOJIAJI ZIRAN BAOHUQU
WEIGUAN DIMO ZHIWU YUANSE TUJIAN

四川（宝兴）蜂桶寨国家级自然保护区维管地模植物原色图鉴

四川蜂桶寨国家自然保护区管理局　编著
四川省林业科学研究院

出 品 人　钱丹凝
责任编辑　罗小燕
封面设计　墨创文化传媒
责任出版　欧晓春
出版发行　四川科学技术出版社
　　　　　成都市槐树街2号　邮政编码 610031
　　　　　官方微博：http://e.weibo.com/sckjcbs
　　　　　官方微信公众号：sckjcbs
　　　　　传真：028-87734039
成品尺寸　**210mm × 285mm**
印　　张　22.5　字数 220 千　插页2
印　　刷　四川华龙印务有限公司
版　　次　2020年5月第1版
印　　次　2020年5月第1次印刷
定　　价　320.00元

ISBN 978-7-5364-9713-9

邮购：四川省成都市槐树街2号　邮政编码：610031
电话：028-87734035

■ 版权所有　翻印必究 ■

《四川（宝兴）蜂桶寨国家级自然保护区维管地模植物原色图鉴》

编 委 会

Editorial board

顾　　问：孙治宇　高信芬

主　　编：鞠文彬　潘红丽　黄　琴

编写人员（以姓氏拼音为序）

陈德奎　邓江宇　高信芬　黄　琴　黄文军　鞠文彬

李贵仁　黎怀成　李万洪　潘红丽　彭学伟　孙治宇

唐明坤　唐　颖　王明华　王　伟　王　鑫　谢大军

徐晓明　熊先华　胥媛媛　杨玉君　佐　琳

摄　　影：鞠文彬　黄文军　黄　琴　潘红丽

校　　核：潘红丽　鞠文彬

前　言
Preface

　　模式标本（type specimens）是分类学家用作新种描记的一组标本凭证，是构建新物种的物质基础。模式标本是科学界的共同财富，具有校阅查考、科学研究、工作总结、学术交流等作用。模式标本的数量是一个地区分类学研究积累的重要反映。对我国而言，数量越多说明该地区的关注度和生物多样性越高，进而表明该区域是生物研究的热点地区，值得进一步加强保护。

　　由于历史的原因，1840 年鸦片战争以后至 1949 年中华人民共和国成立前，西方人在我国各地收集了海量的植物标本，并将标本运往当时发达国家的博物馆保存和研究。在这些标本中他们发现了大量的新种，致使新种的模式标本多收藏在国外的博物馆和其他研究机构中，这使得我国研究者在后来开展植物考查和分类系统学研究时，都需到国外去查阅标本、获取资料，遇到的困难可想而知。

　　地处青藏高原向四川盆地过渡的邛崃山脉中段和夹金山南麓的四川蜂桶寨国家级自然保护区，地势地貌复杂，从亚热带到亚寒带均存在多种气候，且垂直变化明显，从而造就了极其丰富的生物多样性。自 1869 年 2 月，先后有法国的传教士阿尔芒·戴维（Armand David），英国的园艺学者威尔逊（Ernest Henry Wilson），中国植物学家俞德俊、曲桂龄、宋滋圃等人在四川蜂桶寨国家级自然保护区及邻近地区（宝兴县境内）采集过植物标本。经查阅文献和模式标本信息库，在四川蜂桶寨国家级自然保护区及邻近地区（宝兴县境内）采集的植物标本中先后发表了 212 个植物新种。

　　地模标本是模式标本原产的所采集的这个种的标本，在模式标本缺失的情况下，它在植物考查和分类系统学研究中也具有十分重要的作用。开展地模植物调查是指对一个区域的模式物种进行摸底调查，获得最初在某地区发表的该物种的生长现状、图像、标本资料，为开展专科专属研究，编写志书，进行生物区系调查研究，开发、利用和保护生物资源提供重要的基本性资料，也是野生植物行政主管部门在政策制定和管理决策过程中不可或缺的科学依据和工作基础。

　　2016 年 9 月至 2018 年 7 月，受四川蜂桶寨国家级自然保护区管理局的委托，在《第二次全国重点保护野生植物资源调查技术规程》《四川省第二次全国重点保护野生植物资源调查工作方案》以及《四川省第二次全国重点保护野生植物资源调查实施细则》的指导下，四川省林业科学研究院联合中国科学院成都生物研究所，在宝兴县共调查到 174 种地模植物，其中，分布在蜂桶寨国家级自然保护区有 121 种，保护区外有 53 种。特别欣喜的是，在野外调查过程中，我们在保护区内发现了一个植物新种——宝兴黄花报春（*Primula luteoflora* X.F.Gao & W.B. Ju），为保护区地模植物增加了新的成员。

　　本图鉴汇集四川蜂桶寨国家级自然保护区野外调查中收集的照片、标本和数据，以期为从事植物学、园艺学、生态学、自然保护学的专业人员和有关单位基层工作人员、学生及自然爱好者了解和准确识别四川蜂桶寨国家级自然保护区维管地模植物提供帮助。

　　该项目得到了四川省林业和草原局、四川蜂桶寨国家级自然保护区管理局的大力支持，在此表示诚挚的谢意！

　　限于我们的水平，书中错误之处敬请读者批评指正。

孙治宇

2019 年 12 月

目　录
Contents

中国蕨科　　Sinopteridaceae

1　穆坪金粉蕨
Onychium moupinense Ching

【形态特征】

宝兴冷蕨植株高 20~70 cm，根状茎细长横走。叶近二型；不育叶片披针形，二回羽状或三回裂；羽片斜方形，渐尖头或钝头；能育叶远较大，披针形或卵状披针形，尾状长渐尖，下部三回羽状，向上为二回羽状；羽片 8~15 对；小羽片有狭翅下延。孢子囊群生边脉上；囊群盖阔线形。

【分布】

中国数字植物标本馆分布区信息：宝兴县邓池沟（海拔 1 341 m）、宝兴县蜂桶寨乡东河大池沟（海拔 1 500 m）。

【本次调查分布】

宝兴县炳羊沟（海拔 1 343 m）、宝兴县炳羊沟（海拔 1 350 m）、宝兴县邓池沟（海拔 1 753 m）。

【生境】

生灌丛或阔叶林下石缝，岩壁沟边山上林下岩石上，海拔 585~1 850 m。

模式标本照片

地模植物照片

2 裂叶粉背蕨
Aleuritopteris argentea var. *geraniifolia* Ching & S.K. Wu

【形态特征】

植株高 15~30 cm。根状茎先端被披针形、棕色、有光泽的鳞片。叶簇生；叶柄暗红棕色；叶片五角形，长宽几相等，羽片 3~5 对；基部一对羽片的小羽片均羽裂。叶干后草质或薄革质，上面褐色、光滑，叶脉不显，下面被乳白色或淡黄色粉末。孢子囊群盖全缘。

【分布】

CVH 分布区信息：宝兴县永富乡中岗村（海拔 2 175 m）、宝兴县陇东赶羊沟侧（海拔 1 550 m）。

【本次调查分布】

FTZT00193，宝兴县炳羊沟（海拔 1 350 m）。

【生境】

生于岩石上，海拔 1 500~ 2 700 m。

【注】

FOC 将此变种归入 *Aleuritopteris argentea* S. G. Gmelin）Fée，隶属凤尾蕨科 Pteridaceae。

模式标本照片

地模植物照片

蹄盖蕨科　　Athyriaceae

3　宝兴冷蕨
Cystopteris moupinensis Franchet

【形态特征】

宝兴冷蕨植株高 20~50 cm，根状茎细长横走，和叶柄基部同被褐色柔毛及少数灰褐色阔卵形膜质鳞片；叶远生。能育叶片卵形或三角状卵圆形，羽片 8~12（15）对，基部一对长圆形或卵状披针形。孢子囊群圆形，着生于上侧小脉背上；囊群盖近圆形或半杯形，不具头状细微腺体。

【分布】

中国数字植物标本馆分布区信息：宝兴县夹金山三工棚（海拔 3 048 m）、宝兴县打枪棚至第二工棚途中（海拔 3 200 m）、宝兴县蓑衣棚附近（海拔 3 500 m）。

【本次调查分布】

宝兴县赶羊沟（海拔 1 962 m）、宝兴县硗碛到二牛棚路边林缘（海拔 2 940 m）。

【生境】

生针阔叶混交林下阴湿处或阴湿石上，海拔 1 000~4 100 m。

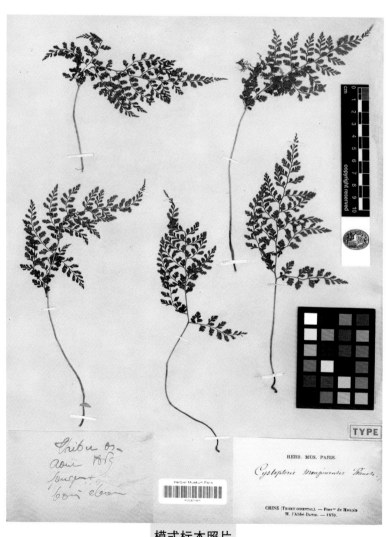

模式标本照片

地模植物照片

4　宝兴蹄盖蕨
Athyrium baoxingense Ching

【形态特征】

宝兴蹄盖蕨根状茎直立，先端和叶柄基部密被深褐色、线状披针形的鳞片。叶簇生；叶片长圆状披针形，先端长渐尖，基部略变狭，二回羽状；羽片略斜展，近无柄或有短柄；小羽片 15~17 对。叶干后近革质，两面无毛；叶轴和羽轴被短腺毛，上面有贴伏的钻状硬刺。孢子囊群长圆形；囊群盖同形全缘，部分脱落。

【分布】

中国数字植物标本馆分布区信息：宝兴县。

【本次调查分布】

宝兴县冷木沟（海拔 1 543 m）、宝兴县菜塘沟（海拔 2 588 m）。

【生境】

生高山林下，海拔 1 500~2 800 m。

模式标本照片

地模植物照片

5 川西蹄盖蕨
Athyrium costulalisorum Ching

【形态特征】

川西蹄盖蕨能育叶长达 1.2 m。根状茎基部密被褐色、狭披针形的鳞片。叶簇生；叶柄黑褐色，向上褐禾秆色，光滑；叶片卵状长圆形，二回羽状；羽片近无柄或有短柄。叶干后厚纸质，两面无毛；叶轴和羽轴下面禾秆色，略带淡紫红色，光滑无毛，上面有贴伏的钻状短硬刺，小羽片的主脉上面也有短刺。孢子囊群椭圆形、圆肾形、弯钩形或马蹄形，略靠近主脉；囊群盖同形，膜质，边缘略啮蚀状，宿存。

【分布】

中国数字植物标本馆分布区信息：宝兴县灯笼沟至打框棚第二至第三工棚途中（海拔 2 800 m）。

【本次调查分布】

宝兴县菜塘沟（海拔 2 632 m）。

【生境】

生山坡草丛中，海拔 2 800 m。

模式标本照片

地模植物照片

鳞毛蕨科	**Dryopteridaceae**

6　穆坪贯众
Cyrtomium moupinense Ching & K. H. Shing

【形态特征】

穆坪贯众植株高 40~80 cm。根茎直立，密被披针形棕色鳞片。叶簇生，叶柄禾秆色，下部鳞片边缘有齿；叶片奇数一回羽状；侧生羽片有短柄，先端渐尖或急尖成尾状，基部宽楔形或圆楔形，上侧微有耳状凸，边缘有开张的小尖齿；具羽状脉，小脉联结成多行网眼，两面微凸；顶生羽片宽的倒卵形，2 叉或 3 叉状。叶为坚纸质，腹面光滑，背面有披针形棕色小鳞片；叶轴腹面有披针形及线形棕色鳞片。孢子囊群遍布羽片背面；囊群盖全缘。

【分布】

中国数字植物标本馆分布区信息：宝兴县盐井岗沟（海拔 1 550 m）。

【本次调查分布】

宝兴县邓池沟（海拔 1 689 m）、宝兴县邓池沟（海拔 1 694 m）、宝兴县磨子沟（海拔 1 795 m）。

【生境】

生针阔叶混交林下阴湿处或阴湿石上，海拔 1 000~4 100 m。

模式标本照片

地模植物照片

7 穆坪耳蕨
Polystichum moupinense（Franchet）Beddome

【形态特征】

穆坪耳蕨植株高 12~20 cm。根茎直立，密生宽披针形棕色鳞片。叶簇生，叶柄有卵形和披针形棕色鳞片；叶片线状披针形，二回羽状分裂；羽片无柄，卵形或三角卵形，上部的较狭，基部圆楔形或近截形，两侧有耳状凸，有时上侧的略长，羽状分裂至中部；裂片 3~5 对，边缘全缘或有小齿。叶坚纸质；叶轴两面有披针形及线形淡棕色鳞片。孢子囊群生在中部以上羽片，位于裂片主脉两侧，各有一二个；囊群盖圆形。

【分布】

中国数字植物标本馆分布区信息：宝兴县。

【本次调查分布】

宝兴县夹金山（海拔 4 039 m）、宝兴县锅巴岩沟尾（海拔 4 084 m）。

【生境】

生高山草甸或高山针叶林下，海拔 2 500~4 500 m。

模式标本照片

地模植物照片

8　蚀盖耳蕨
Polystichum erosum Ching & K. H. Shing

【形态特征】

蚀盖耳蕨植株高 5~15 cm。根茎直立，叶簇生，密生披针形红棕色鳞片，鳞片边缘为卷曲的纤毛状；叶片线状披针形或倒披针形，一回羽状；羽片无柄，三角卵形或矩圆形；具羽状脉，侧脉单一或基部的二叉状。叶纸质，腹面疏生线形棕色鳞片，背面脉上有狭披针形及线形棕色鳞片，鳞片下部边缘为卷曲的纤毛状；叶轴先端常有芽胞。孢子囊群生在主脉两侧；囊群盖边缘啮蚀状。

【分布】

中国数字植物标本馆分布区信息：宝兴县东河蜂桶寨；宝兴县灯笼沟至打柂棚第二工棚至第三工棚途中（海拔 1 650 m）、宝兴县大池沟伐木场（海拔 2 200 m）、宝兴县中岗林下（海拔 2 500 m）。

【本次调查分布】

宝兴县陇东镇水库白岩子（海拔 1 753 m）、宝兴县菜塘沟（海拔 2 619 m）。

【生境】

生林下岩石上，海拔 1 400~2 400 m。

模式标本照片

地模植物照片

9 高山耳蕨

Polystichum otophorum（Franchet）Beddome

【形态特征】

高山耳蕨植株高 15~30 cm。根茎密被狭卵形深棕色鳞片。叶簇生，叶柄禾秆色，下部密生狭卵形及披针形棕色鳞片；叶片披针形或线状披针形，一回羽状；羽片平展，有极短的柄，狭卵形或卵形，先端急尖呈芒刺状，基部偏斜，边缘有刺状小齿；羽片具羽状脉。叶为薄革质，背面疏生纤毛状黄棕色的鳞片；叶轴背面有鳞片。孢子囊群靠近边缘着生；囊群盖圆形。

【分布】

中国数字植物标本馆分布区信息：宝兴县东河盐井岗沟（海拔 1 500 m）。

【本次调查分布】

宝兴县甘木沟（海拔 1 333 m）、宝兴县邓池沟（海拔 1 734 m）、宝兴县邓池沟（海拔 1 788 m）。

【生境】

生常绿阔叶林下，海拔 1 100~2 600 m。

模式标本照片

地模植物照片

10 宝兴耳蕨
Polystichum baoxingense Ching & K. H. Shing

【形态特征】

植株高 30~60 cm。根茎直立，密被宽披针形深棕色鳞片。叶簇生，叶柄禾秆色，密生卵形及宽披针形棕色鳞片；叶片狭卵形或狭椭圆形，先端渐尖，基部圆楔形，二回羽状；羽片线状宽披针形；小羽片斜的卵形或狭卵形，先端急尖成刺状，基部为偏斜的宽楔形，其上侧有三角形耳状凸起，两侧羽状浅裂，边缘有前倾的小齿。叶为革质，背面有纤毛状分枝的鳞片；叶轴两面密生边缘具睫毛的披针形及线形的棕色鳞片。孢子囊群位于主脉两侧；囊群盖全缘。

【花果期】

花期 4~5 月，果期 6~7月。

【分布】

CVH 分布区信息：宝兴县大池沟伐木场（海拔 2 200 m）、宝兴县东河大水沟（海拔 1 700 m）。

【本次调查分布】

FTZT00009，宝兴县陇东镇水库白岩子（海拔 1 753 m）。

【生境】

生海拔 1 250~2 300 m的林下。

模式标本照片

地模植物照片

水龙骨科　　　Polypodiaceae

11　中间骨牌蕨
Lepidogrammitis intermedia Ching

【形态特征】

中间骨牌蕨植株高 3~10 cm。根状茎细长横走，疏被棕色披针形鳞片。叶远生，二型；不育叶具柄，长圆形至披针形，钝头或钝圆头，基部楔形并下延，全缘；能育叶狭披针形，或线状披针形，钝圆头，柄长约 5 mm，下面疏被鳞片。孢子囊群圆形，在主脉两侧各成一行。

【分布】

中国数字植物标本馆分布区信息：宝兴县东河大水沟（海拔 1 400 m）。

【本次调查分布】

宝兴县邓池沟（海拔 1 341 m）、宝兴县大池沟（海拔 1 738 m）。

【生境】

生林下岩石上，海拔 1 400~2 400 m。

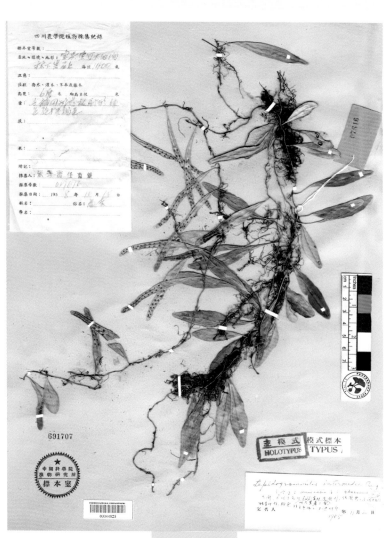

模式标本照片

地模植物照片

12　四川鳞果星蕨
Lepidomicrosorum sichuanense Ching et Shing

【形态特征】

四川鳞果星蕨植株高达 28 cm。根状茎长而攀援，密被红棕色披针形鳞片。叶疏生；叶柄禾秆色；叶片披针形，长渐尖头，基部变宽，稍浅裂，近圆楔形，以狭翅下延，边缘略呈波状，干后纸质，淡绿色。主脉两面隆起。孢子囊群星散地密布于叶片下面。

【分布】

中国数字植物标本馆分布区信息：宝兴县东河大水沟（海拔 1 650 m）。

【本次调查分布】

宝兴县冷木沟（海拔 1 505 m）、宝兴县星火村磨子沟（海拔 1 622 m）。

【生境】

攀援于岩石或树干上，海拔 1 150 m。

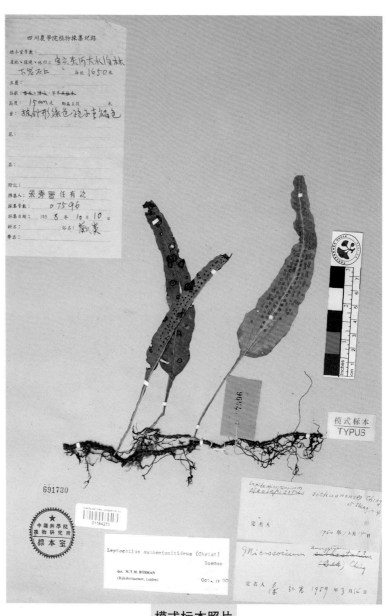

模式标本照片

地模植物照片

| 杨柳科 | Salicaceae |

13　宝兴柳
Salix moupinensis Franchet

【形态特征】

小乔木。叶幼时背面特别是脉上密被白色丝状毛，老时变为近无毛或仅中脉上有毛，叶长圆形，椭圆形，倒卵形或卵形，先端急尖或短渐尖，基部圆形至楔形，边缘有腺锯齿，上面暗绿色，下面淡绿色，叶柄通常有腺点。花序具正常叶，苞片长椭圆形，顶端圆形，有疏丝状毛；雄蕊 2，无毛，背腺宽卵形，远较腹腺为小；子房无毛，柱头 2 裂；腹腺宽卵形，宽与高近相等。果序长达 15 cm；蒴果长椭圆状卵形。

【花果期】

花期 4 月，果期 5~6 月。

【分布】

中国数字植物标本馆分布区信息：宝兴县冷瀑沟（海拔 1 400 m）、宝兴县盐井公社邓池沟（海拔 1 620 m）、宝兴县蜂桶寨大水沟（海拔 1 650 m）、宝兴县邓池沟佛子岩（海拔 1 750 m）。

【本次调查分布】

宝兴县杉木沟（海拔 1 233 m）、宝兴县邓池沟（海拔 1 727 m）、宝兴县邓池沟（海拔 1 747 m）。

【生境】

生于海拔 1 500~3 000 m 的山地。

模式标本照片

地模植物照片

14 宝兴矮柳

Salix microphyta Franchet

【形态特征】

矮小灌木，高 10~30 cm，主干生根。幼枝红褐色；老枝暗褐色；当年生枝有柔毛，后变无毛。叶卵形，倒卵形，长圆形或匙形，上面深绿色，下面淡绿色，无毛，边缘具明显内弯的圆腺齿。花序与叶同时展开，在小枝上部侧生，基部具数枚小叶，叶常被散生长柔毛，轴被疏柔毛；雄花序长 2~4 cm，雄蕊 2，花丝下部 1/3 被柔毛；苞片倒卵形，无毛，先端近截形，仅具腹腺，卵形；雌花序长 2~4 cm；子房无柄或近无柄，卵状长圆形，无毛，花柱不裂或先端 2 裂，柱头 2 裂；苞片同雄花；仅有腹腺。

【花果期】

花期 7 月，果期 8~9月。

【分布】

中国数字植物标本馆分布区信息：宝兴县夹金山附近（海拔 2 650 m）。

【本次调查分布】

宝兴县锅巴岩沟尾到三道牛棚（海拔 3 660 m）。

【生境】

生于海拔 2 300~3 700 m 的灌丛中。

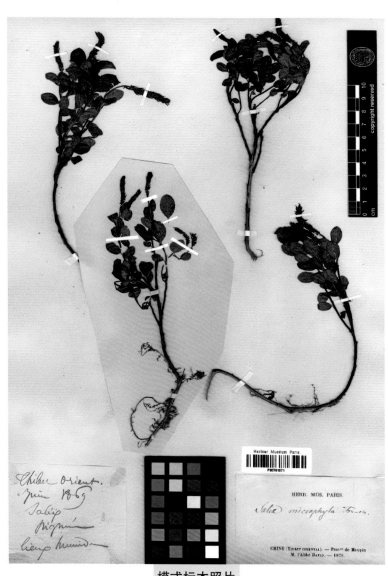

模式标本照片

地模植物照片

15　大叶柳
Salix magnifica Hemsley

【形态特征】

灌木或小乔木。叶革质，椭圆形，宽椭圆形，长达 20 cm，宽达 11 cm，先端圆形，钝或突短渐尖，基部圆形或近心形，上面深绿色，下面苍白色，幼时有毛，长大无毛，全缘或有不规则的细腺锯齿。花与叶同时开放；花序长，具正常叶，各部位都无毛；雄蕊 2，离生或部分合生；腹腺大，通常 2 深裂，背腺较小，长圆形；子房卵状长圆形，柱头 2 裂；仅有腹腺，宽卵形，顶端平截。果序长达 23 cm。蒴果卵状椭圆形。

【花果期】

花期 5~6 月，果期 6~7月。

【分布】

中国数字植物标本馆分布区信息：宝兴县硗碛蚂蝗沟（海拔 2 500 m）、宝兴县小灯龙沟（海拔 2 700 m）、宝兴县打枪棚附近（海拔 2 750 m）、宝兴县打枪棚至二道工棚途中（海拔 3 200 m）。

【本次调查分布】

宝兴县锅巴岩沟（海拔 2 365 m）、宝兴县赶羊沟（海拔 2 432 m）。

【生境】

生于海拔 2 100~2 800 m的山地。

模式标本照片

地模植物照片

16 林 柳
Salix driophila C. K. Schneider

【形态特征】

灌木。小枝紫褐色或黄褐色，当年生小枝被绒毛。叶椭圆形、长圆形至倒卵状长圆形或卵形，上面绿色，微被短柔毛或近无毛，下面浅绿色，被绢质绒毛或柔毛，幼叶更密。花序直立，与叶同时开放；雄蕊花丝基部有毛；苞片两面有长柔毛；腺体1，腹生，长圆状圆柱形，长约为苞片一半；子房卵形，密被白色柔毛；花柱明显，上端2裂，柱头分裂或不分裂；腺体1，腹生，卵状圆柱形。蒴果卵形，有毛。

【花果期】

花期4月下旬，果期5月下旬。

【分布】

中国数字植物标本馆分布区信息：宝兴县灵关区大溪公社大坪山（海拔1 550 m）、宝兴县赶羊沟（海拔2 180 m）。

【本次调查分布】

宝兴县锅巴岩沟尾（海拔3 540 m）、宝兴县锅巴岩沟尾到三道牛棚（海拔3 550 m）、宝兴县赶羊沟（海拔2 365 m）。

【生境】

生于海拔2 100~3 050 m的山坡林中或岩石旁及河滩地。

模式标本照片

地模植物照片

17 纤 柳
Salix phaidima C. K. Schneider

【形态特征】

乔木或灌木。叶线状披针形至卵状披针形，上面毛渐脱落，下面初密被白色丝状绒毛，全缘稀有不规则的细腺锯齿。花序纤细，长达 12 cm，具正常叶；苞片长圆形，外面被丝状皱曲毛；雄蕊 2，花丝分离或下部连合，被长柔毛；腹腺近线形或长圆形，有时 2 裂，背腺与腹腺相似，2~3 深裂，或缺；子房卵状长圆形，无柄，有丝状毛，花柱 2 裂，柱头 2 裂，裂片狭；仅有腹腺，近线形。蒴果无柄，被丝状毛。

【花果期】

花期 5 月，果期 6 月。

【分布】

中国数字植物标本馆分布区信息：宝兴县陇东乡周家山（海拔 1 700 m）。

【本次调查分布】

宝兴县邓池沟（海拔 1 709 m）、宝兴县赶羊沟（海拔 2 260 m）。

【生境】

生于海拔 1 600~2 300 m 山区。

模式标本照片

地模植物照片

18 川滇柳
Salix rehderiana C. K. Schneider

【形态特征】

乔木或灌木。叶线状披针形至卵状披针形，上面毛渐脱落，下面初密被白色丝状绒毛，全缘稀有不规则的细腺锯齿。花序纤细，长达 12 cm，具正常叶；苞片长圆形，外面被丝状皱曲毛；雄蕊 2，花丝分离或下部连合，被长柔毛；腹腺近线形或长圆形，有时 2 裂，背腺与腹腺相似，2~3 深裂，或缺；子房卵状长圆形，无柄，有丝状毛，花柱 2 裂，柱头 2 裂，裂片狭；仅有腹腺，近线形。蒴果无柄，被丝状毛。

【花果期】

花期 4 月，果期 5~6 月。

【分布】

中国数字植物标本馆分布区信息：宝兴县明岭乡庄子河坝（海拔 1 400 m）、宝兴县盐井区盐井公社雅适德（海拔 1 595 m）、宝兴县赶羊沟（海拔 2 600 m）、宝兴县打枪棚工棚（海拔 2 750 m）。

【本次调查分布】

宝兴县杉木沟（海拔 1 651 m）、宝兴县大池沟（海拔 1 738 m）、宝兴县大水沟（海拔 1 854 m）、宝兴县锅巴岩沟（海拔 2 430 m）、宝兴县锅菜塘沟（海拔 2 572 m）、宝兴县菜塘沟（海拔 2 575 m）。

【生境】

生于海拔 1 400~4 000 m 的山坡、山脊、林缘及灌丛中和山谷溪流旁。

模式标本照片

地模植物照片

19 茸毛山杨

Populus davidiana var.*tomentella*（C. K. Schneider）Nakai

【形态特征】

乔木。树皮光滑灰绿色或灰白色。小枝圆筒形，萌枝被柔毛。叶三角状卵圆形或近圆形，长宽近等，先端钝尖、急尖或短渐尖，基部圆形、截形或浅心形，边缘有密波状浅齿，下面被柔毛。花序轴有疏毛或密毛；苞片棕褐色，掌状条裂，边缘有密长毛；雄蕊的花药紫红色；子房圆锥形，柱头2深裂。果序长达12 cm，蒴果卵状圆锥形。

【花果期】

花期3~4月，果期4~5月。

【本次调查分布】

FTZT01239，宝兴县硗碛到三牛棚（海拔2 634 m）。

【生境】

生于海拔2 300~3 000 m的山坡。

模式标本照片

地模植物照片

荨麻科　　Urticaceae

20　粗齿冷水花
Pilea sinofasciata C. J. Chen

【形态特征】

多年生草本。茎不分枝，叶同对近等大，椭圆形、卵形、椭圆状或长圆状披针形、稀卵形，边缘在基部以上有粗大的牙齿或牙齿状锯齿，上面沿着中脉常有 2 条白斑带，下面近无毛或有时在脉上有短柔毛，基出脉 3 条；托叶小，宿存。花雌雄异株或同株；花序聚伞圆锥状。雄花具短梗；花被片 4，合生至中下部，椭圆形，内凹，先端钝圆，其中二枚在外面近先端处有不明显的短角状突起。雌花小，花被片近等大。瘦果圆卵形。

【花果期】

花期 6~7 月，果期 8~10 月。

【分布】

中国数字植物标本馆分布区信息：宝兴县盐井（海拔 1 300 m）。

【本次调查分布】

宝兴县冷木沟（海拔 1 730 m）。

【生境】

生于海拔 700~2 500 m 山坡林下阴湿处。

模式标本照片

地模植物照片

马兜铃科　　Aristolochiaceae

21 宝兴马兜铃
Aristolochia moupinensis Franchet

【形态特征】

木质藤本。茎有纵棱。叶膜质或纸质，卵形或卵状心形，下面密被黄棕色长柔毛；基出脉 5~7 条；叶柄密被长柔毛。花单生或二朵聚生于叶腋；花梗密被长柔毛；花被管外面疏被黄棕色长柔毛，内面仅近子房处被微柔毛，其余无毛，具纵脉纹；檐部近圆形，内面黄色，有紫红色斑点，边缘绿色，具网状脉纹，边缘浅 3 裂；裂片顶端具凸尖；子房圆柱形，具 6 棱，密被长柔毛；合蕊柱顶端 3 裂。蒴果长圆形，棱通常波状弯曲；种子灰褐色。

【花果期】

花期 5~6 月，果期 8~10 月。

【分布】

中国数字植物标本馆分布区信息：宝兴县蜂桶寨（海拔 1 550 m）、宝兴县陇东乡桂花林（海拔 2 000 m）。

【本次调查分布】

宝兴县赶羊沟（海拔 2 168 m）。

【生境】

生于海拔 2 000~3 200 m 的林中、沟边、灌丛中。

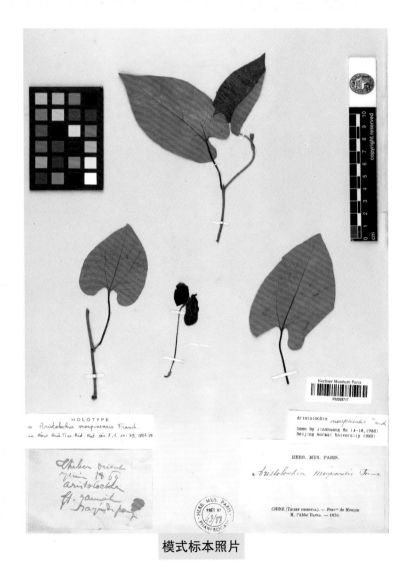

模式标本照片

地模植物照片

苋 科　Amaranthaceae

22　川牛膝
Cyathula officinalis K. C. Kuan

【形态特征】

多年生草本。根圆柱形，茎稍四棱形。叶片椭圆形或窄椭圆形，上面有贴生长糙毛，下面毛较密。二歧聚伞花序密集成花球团；苞片顶端刺芒状或钩状；不育花的花被片变成具钩的坚硬芒刺；两性花花被片披针形，顶端刺尖头；雄蕊花丝基部密生节状束毛；退化雄蕊长方形，顶端齿状浅裂；子房圆筒形或倒卵形。果椭圆形或倒卵形。种子椭圆形。

【花果期】

花期 6~7 月，果期 8~9 月。

【分布】

中国数字植物标本馆分布区信息：宝兴县岩壁大房子附近河边上（海拔 1 800 m）、宝兴县盐井（海拔 2 500 m）。

【本次调查分布】

宝兴县冷木沟（海拔 1 355 m）。

【生境】

生长在海拔 1 500 m 以上地区。

模式标本照片

地模植物照片

毛茛科　　Ranunculaceae

23　西南银莲花
Anemone davidii Franchet

【形态特征】

植株高 10~55 cm。根状茎横走，节间缩短。基生叶有长柄；叶片心状五角形，三全裂，全裂片有短柄或无柄，中全裂片菱形，三深裂，边缘有不规则小裂片或粗齿，侧全裂片不等二深裂，两面疏被短毛。花葶直立；苞片 3，有柄，形似基生叶；花梗 1~3，有短柔毛；萼片白色；雄蕊长约为萼片长度的 1/4，心皮无毛。瘦果卵球形。

【花果期】

5~6 月开花。

【本次调查分布】

宝兴县大水沟（海拔 1 797 m）。

【生境】

生山地沟谷杂木林或竹林中或沟边较阴处，常生石上。

模式标本照片

地模植物照片

24 水棉花
Anemone hupehensis f. alba W.T. Wang

【形态特征】

水棉花植株高 20~120 cm。根状茎斜或垂直。基生叶通常为三出复叶，有时为单叶；中央小叶有长柄，小叶片卵形或宽卵形，不分裂或 3~5 浅裂，边缘有锯齿，两面有疏糙毛；叶柄基部有短鞘。聚伞花序 2~3 回分枝，有较多花；苞片有柄，为三出复叶，似基生叶；花梗披柔毛；萼片白色，或带淡粉红色，倒卵形，外面有短绒毛；雄蕊长约为萼片长度的 1/4，花药黄色，椭圆形；心皮生于球形的花托上。聚合果球形；瘦果有细柄，密被绵毛。

【花果期】

7~10 月开花。

【分布】

中国数字植物标本馆分布区信息：宝兴县盐井（海拔 1 300 m）。

【本次调查分布】

宝兴县磨子沟（海拔 1 771 m）、宝兴县赶羊沟（海拔 1 962 m）。

【生境】

生山地草坡或沟边。

模式标本照片

地模植物照片

25 小木通
Clematis armandii Franchet

【形态特征】

木质藤本。茎圆柱形，有纵条纹。三出复叶；小叶片革质，卵状披针形、长椭圆状卵形至卵形，全缘。聚伞花序或圆锥状聚伞花序，腋生或顶生，通常比叶长或近等长；腋生花序基部有多数宿存芽鳞，为三角状卵形、卵形至长圆形；花序下部苞片近长圆形，常三浅裂，上部苞片渐小，披针形至钻形；萼片白色，偶带淡红色，长圆形或长椭圆形，外披短绒毛，雄蕊无毛。瘦果扁，卵形至椭圆形，疏生柔毛，宿存花柱长达5 cm，有白色长柔毛。

【花果期】

花期3~4月，果期4~7月。

【分布】

中国数字植物标本馆分布区信息：宝兴县陇东骆驼山大柏牛（海拔1 400 m）、宝兴县盐井区水电站（海拔1 540 m）。

【本次调查分布】

宝兴县杉木沟（海拔1 275 m）、宝兴县炳羊沟（海拔1 324 m）。

【生境】

生山坡、山谷、路边灌丛中、林边或水沟旁。

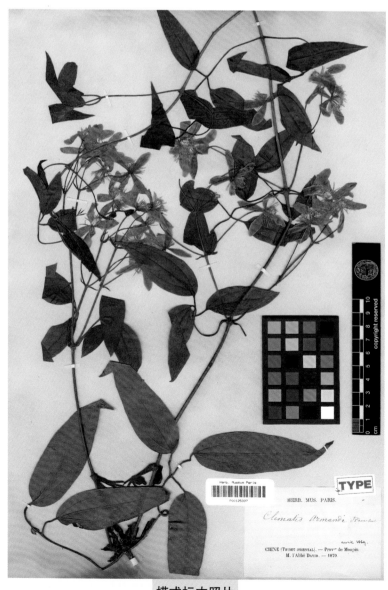

模式标本照片

地模植物照片

26 宝兴翠雀
Delphinium smithianum Handel-Mazzetti

【形态特征】

宝兴翠雀茎高 10~15 cm，被短柔毛。等距地生叶，叶片圆肾形或五角形，三深裂，裂片互相通常分离，中央裂片浅裂，表面沿脉有短柔毛，背面近无毛。伞房花序有 2~4 朵花；花梗中部以上密被短柔毛；小苞片生花梗中部或下部；萼片蓝色，外面有短柔毛，上萼片宽椭圆形，距与萼片近等长，圆筒形，末端稍向下弯，侧萼片和下萼片卵形；花瓣顶端微凹；退化雄蕊瓣片二浅裂，腹面中央有黄色髯毛，爪与瓣片近等长；雄蕊无毛；子房密被短柔毛。种子淡褐色。

【花果期】

花期 7~8 月。

【本次调查分布】

本次调查分布：宝兴县赶羊沟（海拔 4 306 m）、宝兴县锅巴岩沟尾（海拔 4 595 m）。

【生境】

生 海 拔 3 500~4 600 m 间山地多石砾山坡。

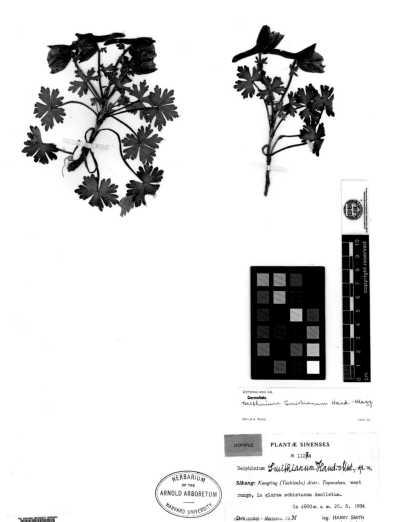

模式标本照片

地模植物照片

27 铁筷子
Helleborus thibetanus Franchet

【形态特征】

根状茎密生肉质长须根。茎上部分枝，基部有 2~3 个鞘状叶。基生叶 1~2 个；叶片肾形或五角形，鸡足状三全裂，中全裂片倒披针形，边缘在下部之上有密锯齿。茎生叶近无柄，叶片较基生叶为小，中央全裂片狭椭圆形，侧全裂片不等二或三深裂。花生茎或枝端，与基生叶同时开放；萼片初粉红色，在果期变绿色；花瓣淡黄绿色，圆筒状漏斗形，具短柄，腹面稍二裂；花药椭圆形，花丝狭线形；花柱与子房近等长。蓇葖扁，种子椭圆形，光滑。

【花果期】

4 月开花，5 月结果。

【本次调查分布】

宝兴县邓池沟熊猫保护站后面（海拔 1 938 m）。

【生境】

生海拔 1 100~3 700 m 间山地林中或灌丛中。

模式标本照片

地模植物照片

28 弯柱唐松草
Thalictrum uncinulatum Franchet ex Lecoyer

【形态特征】

多年生草本。茎高 60~120 cm，疏被短柔毛，上部近二歧状分枝。基生叶在开花时枯萎。茎下部叶为三回三出复叶；顶生小叶卵形，三浅裂，边缘有钝牙齿，背面脉隆起，脉网明显，有短柔毛；叶柄基部稍变宽，托叶不规则分裂或呈波状，有柔毛。花序圆锥状；花梗密被短柔毛；萼片白色，椭圆形，早落；花丝与花药等宽或稍窄，上部倒披针状线形，下部丝形；心皮花柱拳卷，上部腹面密生柱头组织。瘦果狭椭圆球形，拳卷。

【花果期】

7 月开花，8 月结果。

【分布】

中国数字植物标本馆分布区信息：宝兴县狮子山下（海拔 2 700 m）。

【本次调查分布】

宝兴县硗碛到三牛棚（海拔 2 395 m）。

【生境】

生海拔 1 500~2 600 m 间山地草坡或林边。

模式标本照片

地模植物照片

29 星果草
Asteropyrum peltatum (Franchet) J.R.Drummond & Hutchinson

【形态特征】

多年生小草本。叶片圆形或近五角形，宽 2~3 cm，不分裂或五浅裂，边缘具波状浅锯齿，表面绿色，疏被紧贴的短硬毛，背面浅绿色，无毛；叶柄密被倒向的长柔毛。花葶 1~3 条，疏被倒向的长柔毛；萼片倒卵形，顶端圆形；花瓣金黄色，长约为萼片之半，瓣片倒卵形或近圆形，下部具细爪；雄蕊比花瓣稍长；心皮长椭圆形，顶端渐狭成花柱。蓇葖卵形，种子宽椭圆形。

【花果期】

5~6 月开花，6~7 月结果。

【分布】

CVH 分布区信息：宝兴县中岗大柏牛（海拔 2 580 m）。

【本次调查分布】

FTZT00377，宝兴县空石林景区（海拔 2 356 m）；FTZT00377，宝兴县大池沟（海拔 1 997 m）。

【生境】

生海拔 2 000~4 000 m 的高山山地林下。

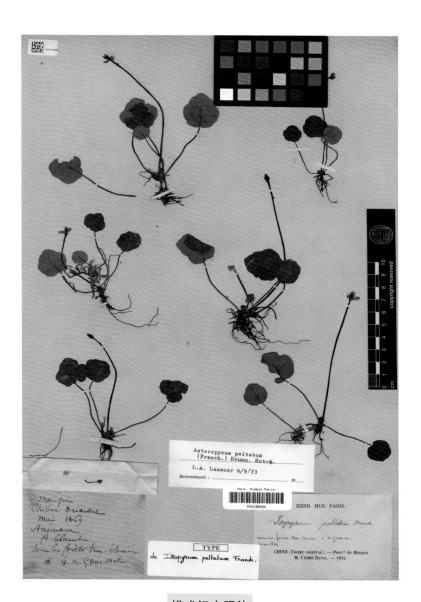

模式标本照片

地模植物照片

30 大渡乌头
Aconitum franchetii Finet & Gagnepain

【形态特征】

块根胡萝卜形。茎分枝，疏被短柔毛，叶等距着生。茎下部叶有长柄，中部叶有稍长柄；叶片心状五角形，三深裂，中央深裂片菱形，侧深裂片斜扇形，不等二裂；叶柄几无鞘。顶生总状花序有 7~20 花；中部以下的苞片叶状，具短柄，上部的苞片线形；下部花的小苞片生花梗中部，三裂，其他的不分裂；萼片蓝色，外面无毛，下缘稍向上斜展，近直或稍凹，外缘近直立，与下缘形成不明显的喙；花瓣、雄蕊和心皮均无毛。

【花果期】

7~8 月开花。

【分布】

CVH 分布区信息：宝兴县蚂蝗沟（海拔 3 000 m）。

【本次调查分布】

FTZT01114，宝兴县夹金山（海拔 3 912 m）。

【生境】

生海拔 3 400~4 000 m 间山地草坡或林中。

模式标本照片

地模植物照片

31　谷地翠雀花
Delphinium davidii Franchet

【形态特征】

茎高 28~70 cm，中部以上分枝。基生叶具长柄；叶片五角形，三全裂，中央全裂片菱形，裂片再裂，小裂片三角状卵形至线状披针形，侧全裂片斜扇形，不等二深裂，背面沿脉疏被微硬毛。茎中部以上叶变小，具短柄。伞房花序；苞片叶状；花梗密被短柔毛；小苞片生花梗下部，披针形至线形；萼片蓝色，椭圆状倒卵形或狭椭圆形，顶端圆形或钝，外面疏被短柔毛，距钻形，末端向下弯曲；花瓣无毛；退化雄蕊的瓣片长方形或倒卵形，微凹或二裂近中部，腹面有黄色髯毛；雄蕊无毛；子房密被短柔毛。蓇葖长约 2 cm；种子淡褐色，无翅。

【花果期】

8~10 月开花。

【分布】

此 CVH 分布区信息：宝兴县若壁沟（海拔 1 625 m）。

【本次调查分布】

FTZT01094，宝兴县黄店子沟（海拔 2 009 m）；FTZT01319，宝兴县黄店子沟（海拔 2 163 m）。

【生境】

生海拔 1 100~1 400 m 间山地林边草坡或山谷石旁。

模式标本照片

地模植物照片

小檗科　　Berberidaceae

32　血红小檗
Berberis sanguinea Franchet

【形态特征】

常绿灌木。茎明显具槽，老枝暗灰色，幼枝浅黄色；茎刺三分叉。叶薄革质，线状披针形，上面暗绿色，背面亮淡黄绿色，中脉明显隆起，叶缘有时略向背面反卷，每边具 7~14 刺齿。花簇生；花梗带红色；小苞片红色；萼片 3 轮，外萼片卵形，先端急尖，红色，中萼片和内萼片椭圆形，黄色；花瓣倒卵形，先端微凹，基部具 2 枚分离的披针形腺体；雄蕊的药隔不延伸；胚珠 2~3 枚。浆果椭圆形，紫红色，先端无宿存花柱，不被白粉。

【花果期】

花期 4~5 月，果期 7~10 月。

【分布】

中国数字植物标本馆分布区信息：宝兴县赶羊沟（海拔 1 600 m）、宝兴县邓池沟（海拔 1 750 m）、兴县邓池沟小沟头（海拔 2 000 m）。

【本次调查分布】

宝兴县赶羊沟（海拔 2 168 m）、宝兴县新寨子沟（海拔 2 237 m）。

【生境】

生于路旁、山坡阳处、山沟林中、河边、草坡、灌丛中。海拔 1 100~2 700 m。

模式标本照片

地模植物照片

33 直梗小檗
Berberis asmyana C. K. Schneider

【形态特征】

常绿灌木。枝棕灰色，明显具槽，散生黑色疣点；茎刺细弱，圆柱形，三分叉。叶薄革质，椭圆形或倒卵状椭圆形，不被白粉，中脉明显隆起，全缘或具 1~3 刺齿。花单生，花梗细，黄色；萼片 2 轮，外萼片卵形，内萼片倒卵状圆形；花瓣倒卵形，先端浅缺裂，基部溢缩呈爪，具 2 枚近靠的腺体；雄蕊的药隔先端平截；胚珠 4~5 枚。浆果椭圆形，顶端无宿存花柱，微被白粉。

【花果期】

花期 5~6 月，果期 7~9 月。

【本次调查分布】

FTZT01271，宝兴县赶羊沟（海拔 2 606 m）。

【生境】

生于高山灌丛或草坡。海拔 3 000~3 200 m。

模式标本照片

34 黑果小檗
Berberis atrocarpa C. K. Schneider

【形态特征】

常绿灌木。枝棕灰色或棕黑色；茎刺三分叉。叶厚纸质，披针形或长圆状椭圆形，上面深绿色，背面淡绿色，中脉明显隆起；叶缘每边具 5~10 刺齿，偶有近全缘。花簇生，黄色；萼片 2 轮，外萼片长圆状倒卵形，内萼片倒卵形；花瓣倒卵形，先端圆形，深锐裂，基部楔形，具 2 枚分离腺体；雄蕊长约 4 mm；胚珠 2 枚，无柄或具短柄。浆果黑色，卵状，顶端具明显宿存花柱，不被白粉。

【花果期】

花期 4 月，果期 5~8月。

【分布】

CVH 分布区信息：宝兴县灵关区大溪公社大坪山大白崖 (1 880 m)。

【本次调查分布】

FTZT00592，宝兴县赶羊沟 (海拔 2 120 m)。

【生境】

生于山坡灌丛中、马尾松林下、云南松林下、常绿阔叶林缘或岩石上。海拔 600~2 800 m。

模式标本照片

35 多珠小檗
Berberis atrocarpa T. S. Ying

【形态特征】

常绿灌木。老、幼枝均淡灰色；茎刺三分叉。叶薄革质，线状披针形或狭椭圆形，上面深绿色，背面浅绿色，中脉明显隆起，叶缘每边具 3~7 刺齿。花 2~4 朵簇生；花黄色；萼片 3 轮，外萼片三角状卵形，中萼片卵形，内萼片倒卵形；花瓣椭圆形或矩圆形，先端缺裂，裂片先端圆形，具 2 枚分离腺体；雄蕊的药隔先端延伸，平截；子房含 5 枚胚珠。浆果椭圆形，具短宿存花柱，不被白粉。

【花果期】

花期 5 月，果期 6~7 月。

【分布】

CVH 分布区信息：宝兴县蒲溪沟（海拔 2 900 m）。

【本次调查分布】

FTZT00496，宝兴县新寨子沟（海拔 2 237 m）；FTZT01244，宝兴县联合村两河口（海拔 1 823 m）。

【生境】

生于林缘。海拔 2 940 m。

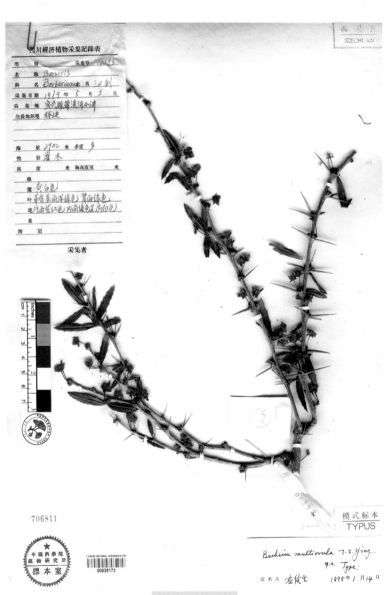

模式标本照片

地模植物照片

36　宝兴淫羊藿
Epimedium davidii Franchet

【形态特征】

多年生草本。根状茎粗短。一回三出复叶基生和茎生，基生叶通常较花茎短得多；茎生 2 枚对生叶，小叶 3~5 枚，纸质或革质，卵形或宽卵形，叶基部两侧近相等，上面深绿色，背面苍白色，叶缘具细密刺齿；花茎具 2 枚对生叶，有时互生。圆锥花序；花梗纤细，被腺毛；花淡黄色；萼片 2 轮，外萼片卵形，内萼片淡红色，狭卵形；花瓣距呈钻状，花距基部瓣片呈杯状；雄蕊的花丝扁平，顶端钝尖；子房圆柱形，花柱略短于子房。蒴果存宿存花柱。

【花果期】

花期 4~5 月，果期 5~8 月。

【分布】

中国数字植物标本馆分布区信息：宝兴县若壁村（海拔 1 400 m）。

【本次调查分布】

宝兴县大水沟（海拔 1 773 m）。

【生境】

生于林下、灌丛中、岩石上或河边杂木林。海拔 1 400~3 000 m。

模式标本照片

地模植物照片

37　无距淫羊藿
Epimedium ecalcaratum G. Y. Zhong

【形态特征】

常多年生草本。根状茎结节状，横走；茎基部具棕色膜质鳞片。一回三出复叶，基生或茎生，茎生叶 2~3 枚，对生或互生；小叶革质，3~5 枚，偶有 7 枚，卵形或狭卵形，侧生小叶基部裂片极不相等，上面深绿色，背面脉上被白色硬伏毛，叶缘具刺齿。总状花序有时近圆锥状，序轴、总花梗及花梗被红棕色腺毛；花黄色；萼片 2 轮，外萼片淡紫色，内萼片紫色；花瓣倒卵圆形，基部略呈兜状，黄色；雄蕊外卷，雌蕊略长于雄蕊。蒴果短圆柱状。种子长肾圆形。

【花果期】

花果期 5~8 月。

【分布】

CVH 分布区信息：宝兴县中学后山沟（海拔 1 100 m）。

【本次调查分布】

FTZT00584，宝兴县赶羊沟（海拔 1 753 m）。

【生境】

生于林下草地、灌丛中或多石荒石坡。海拔 1 100~2 100 m。

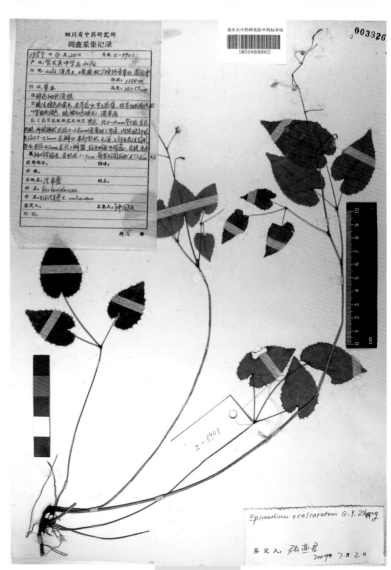

模式标本照片

地模植物照片

五味子科　　Schisandraceae

38　狭叶五味子
Schisandra lancifolia (Rehder & E.H.Wilson) A.C.Smith

【形态特征】

落叶木质藤本。叶纸质，狭椭圆形或披针形。花 1~2 朵，腋生于当年短枝上；雄花：淡黄色，椭圆形或近圆形；雄蕊群倒卵圆形，花托椭圆状卵圆形，顶端伸长短圆柱形，具圆形盾状附属物；雄蕊贴生于花托顶端无花丝；下部具花丝，花药内侧向开裂，近圆形；雌花：花梗和花被片与雄花的相同；雌蕊群近卵圆形，子房椭体圆形或卵圆形，花柱紧接向下伸长成平的附属体。聚合果柄纤细，成熟小浆果红色，种子扁椭圆形。

【花果期】

花期 5~7 月，果期 8~9 月。

【分布】

中国数字植物标本馆分布区信息：宝兴县灯笼沟（海拔 2 550 m）。

【本次调查分布】

宝兴县锅巴岩沟（海拔 2 002 m）。

【生境】

生于海拔 1 000~3 000 m 的水边、林下。

模式标本照片

地模植物照片

樟 科　　Lauraceae

39　宝兴木姜子
Litsea moupinensis Lecomte

【形态特征】

落叶乔木。幼枝和顶芽密被黄褐色绒毛。叶互生，卵形、菱状卵形或长圆形有时也有倒卵形，上面深绿色，下面灰绿色，密被灰黄色绒毛，羽状脉，直展至近叶缘处略弯曲，叶柄密被黄色绒毛。伞形花序单生去年枝顶，先叶开放；花序总梗被绒毛；每一花序有花 8~10 朵，花梗密被黄色绒毛；花被裂片 6 枚，黄色，近圆形，外面中肋有柔毛；能育雄蕊 9 枚，花丝无毛；退化雌蕊无毛。果球形，成熟时黑色；果梗有短柔毛。

【花果期】

花期 3~4 月，果期 7~8 月。

【分布】

中国数字植物标本馆分布区信息：宝兴县陇东乡赶羊沟（海拔 1 500 m）、宝兴县梅里川（海拔 2 800 m）。

【本次调查分布】

宝兴县赶羊沟（海拔 1 753 m）、宝兴县大池沟（海拔 1 997 m）、宝兴县锅巴岩沟（海拔 2 407 m）。

【生境】

生于山地路旁或杂木林中，海拔 700~2 400 m。

模式标本照片

地模植物照片

罂粟科 — Papaveraceae

40 峨参叶紫堇
Corydalis anthriscifolia Franchet

【形态特征】

多年生草本。根茎粗大，顶端散生深褐色鳞片。茎直立，下部裸露，中部以上具叶和分枝。基生叶通常仅 1~2 枚；叶片近三角形，质地较薄，上面绿色，下面灰绿色，二回羽状全裂。花序总状。萼片大，宽卵形，全缘。花蓝色或红蓝色，平展或多少呈"U"形。上花瓣较宽展，渐尖，无鸡冠状突起；距钻形或漏斗形，约占花瓣全长的 3/5 或 2/3，稍弧形上弯。下花瓣近舟形，基部渐变狭。内花瓣具浅鸡冠状突起。柱头具 10 乳突。蒴果狭倒卵形。

【花果期】

花期 4~5 月，果期 5~6 月。

【分布】

中国数字植物标本馆分布区信息：宝兴县赶羊沟（海拔 2 700 m）。

【本次调查分布】

宝兴县锅巴岩沟尾到三道牛棚（海拔 3 318 m）、宝兴县锅巴岩沟尾到三道牛棚（海拔 3 460 m）。

【生境】

生于海拔 1 800~3 600 m 的林内阴湿沟谷。

模式标本照片

地模植物照片

41 优雅黄堇
Corydalis concinna C.Y. Wu & H. Chuang

【形态特征】

多年生草本。须根卵圆状肉质增粗。茎不分枝，上部具叶，下部裸露。基生叶未见，茎生叶下部叶柄长，上部叶柄极短，叶片一回奇数羽状全裂，裂片 3~4 对，线形。总状花序顶生；花梗劲直，长为苞片的一半或更短。花瓣黄色，花瓣片舟状卵形，先端深黄色，背部鸡冠状突起，距粗壮，占上花瓣长的 3/5~2/3，自中部向下直角弯曲，下花瓣背部具高的鸡冠状突起，内花瓣具 1 侧生囊，爪线形，与花瓣片近等长；雄蕊花丝狭椭圆形；子房狭椭圆形，柱头上端具 4 乳突。

【花果期】

花期 5~6 月。

【本次调查分布】

宝兴县锅巴岩沟尾到三道牛棚（海拔 3 315 m）、三道牛棚到锅巴岩沟尾（海拔 3 698 m）。

【生境】

生 于 海 拔 3 000~
3 700 m 附近的林下。

模式标本照片

地模植物照片

42 南黄堇
Corydalis davidii Franchet

【形态特征】

多年生草本。须根粗线形，根茎被残枯的基生叶鞘。茎直立，脆嫩，具翅状的棱。基生叶少数，叶片轮廓宽三角形，三回三出全裂，小裂片倒卵形、卵形、近圆形或宽椭圆形；茎生叶数枚，上部叶柄基部扩大成狭鞘。总状花序顶生；萼片边缘具缺刻状齿；花瓣黄色，上花瓣平伸，花瓣片舟状卵形，背部鸡冠状突起，距圆筒形，占上花瓣长的2/3，下花瓣鸡冠极矮，花瓣片倒卵状长圆形，具1侧生囊；雄蕊的花药黄色；子房狭圆柱形，柱头近扁长方形，具8个乳突。蒴果圆柱形。

【花果期】

花果期5~10月。

【本次调查分布】

宝兴县大水沟（海拔1 747 m）、宝兴县锅巴岩沟（海拔2 365 m）。

【生境】

生于海拔1 280~3 500 m的林下、林缘、灌丛下、草坡或路边。

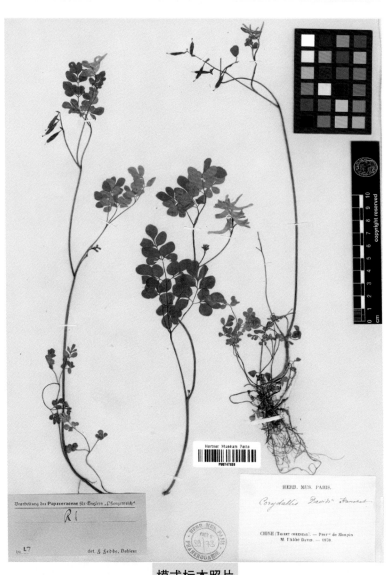

模式标本照片

地模植物照片

43 穆坪紫堇
Corydalis flexuosa Franchet

【形态特征】

多年生草本。根茎具宿存增厚的叶柄基，叶基卵状披针形。基生叶叶片轮廓三角形、卵形至近圆形，三回三出分裂；茎生叶叶片轮廓近圆形或宽卵形。总状花序；苞片最下部者 3 全裂，中部以上者全缘。萼片具齿缺；花瓣天蓝色或蓝紫色，上花瓣片舟状狭卵形，先端渐尖，背部无鸡冠状突起，距与花瓣片近等长，下花瓣匙形。花瓣片长圆状卵形，具 1 侧生囊，略长于花瓣片；雄蕊蜜腺体贯穿距的 1/2；子房线形，柱头双卵形，具 8 个乳突。蒴果线形。

【花果期】

花果期 5~8 月。

【分布】

中国数字植物标本馆分布区信息：宝兴县教场沟上（海拔 1 350 m）、宝兴县邓池沟（海拔 2 000 m）。

【本次调查分布】

宝兴县冷木沟（海拔 1 765 m）。

【生境】

生于海拔 1 300~2 700 m 的山坡水边或岩石边。

模式标本照片

地模植物照片

44 尿罐草
Corydalis moupinensis Franchet

【形态特征】

多年生丛生草本，具主根。茎花葶状，不分枝，发自基生叶腋。基生叶具长柄，叶片披针形，二回羽状全裂，一回羽片具短柄，二回羽片近无柄，卵圆形，二回羽片末回裂片长圆形至倒卵圆形。总状花序，有时伴生有败育的无距花。苞片披针形；花黄色，多少呈"U"形弯曲；萼片卵圆；外花瓣具短尖；距上弯，约与瓣片等长；内花瓣具浅鸡冠状突起，爪稍短于瓣片。雄蕊束披针形；柱头浅而宽展，具4乳突。蒴果线形。

【花果期】

花期3~5月，果期4~6月。

【本次调查分布】

宝兴县大水沟（海拔1 614 m）。

【生境】

生于海拔1 000~2 500 m的杂木林下或石隙。

模式标本照片

地模植物照片

45 显芽紫堇
Corydalis flexuosa subsp.*gemmipara* (H.Chuang) C.Y. Wu

【形态特征】

多年生草本。根茎匍匐，具宿存增厚的叶柄基。茎通常不分枝或稀分枝。基生叶柄具叶鞘，叶片轮廓三角形、卵形至近圆形，三回三出分裂，末回裂片倒披针形，先端圆；茎生叶腋具珠芽，叶片轮廓近圆形或宽卵形。总状花序；苞片最下部者 3 全裂，中部以上者长圆形全缘。萼片卵形或近圆形，边缘齿缺；花瓣天蓝色或蓝紫色，末端向下弯曲，外花瓣鸡冠状突起，延伸至距的中部后部；雄蕊的蜜腺体贯穿距的 1/2；子房线形，柱头双卵形，具 8 个乳突。蒴果线形。

【花果期】

花果期 5~8 月。

【分布】

CVH 分布区信息：宝兴县打枪棚附近（海拔 2 900 m）、宝兴县赶羊沟（海拔 3 100 m）。

【本次调查分布】

FTZT00576，宝兴县赶羊沟（海拔 2 416 m）。

【生境】

生于海拔 2 750~3 600 m 的林下或沼泽草甸。

【注】

FOC 将此种处理为 *Corydalis calycosa* H. Chuang 显萼紫堇。

模式标本照片

地模植物照片

地模植物照片

46 突尖紫堇
Corydalis mucronata Franchet

【形态特征】

多年生草本。根茎粗短，茎上部多少分枝。基生叶常枯萎，茎生叶具长柄；叶片三角形，二回羽状全裂；裂片卵圆形，具缺刻状圆齿。总状花序多花，下部苞片具缺刻或齿，上部苞片全缘。萼片倒卵形，紫色，具流苏状齿。花冠玫瑰色或紫红色，平展。上花瓣渐尖，具长的尖头，无鸡冠状突起；距近钻形，约占花瓣全长的 2/3；下花瓣舟状；内花瓣顶端着色较深；爪约与瓣片等长。雄蕊束卵状披针形；柱头三角形，边缘常具 12 乳突。蒴果卵状长圆形。

【花果期】

花期 4~5 月，果期 5~6月。

【分布】

CVH 分布区信息：宝兴县中岗牦牛山（海拔2 600 m）。

【本次调查分布】

FTZT00353，宝兴县炳羊沟（海拔 1 324 m）；FTZT00366，宝兴县大鱼溪桥头（海拔 903 m）。

【生境】

生于海拔 1 500~2 600 m的林下或溪边。

模式标本照片

地模植物照片

十字花科	**Brassicaceae**

47 宝兴葶苈
Draba moupinensis Franchet

【形态特征】

多年生草本。茎直立，被单毛、叉状毛和分枝毛。基生叶莲座状丛生，倒卵状楔形，全缘或稍有锯齿，基部缩窄成柄；茎生叶卵形或长卵形，基部宽，全缘或每边有 2~4 锯齿，无柄或近于抱茎；叶都被有长单毛、有柄叉状毛和星状毛。总状花序密集成伞房状；萼片背面有毛；花瓣黄色，卵形，顶端微凹，基部缩窄成爪，雄蕊的花药长圆形；雌蕊瓶状。短角果卵形；果梗与果序轴成直角开展。种子卵形。

【花果期】

花果期 6~8 月，花后很快结实。

【本次调查分布】

宝兴县硗碛到三牛棚（海拔 3 778 m）、宝兴县锅巴岩沟（海拔 4 058 m）。

【生境】

生于路旁阴湿草地，海拔 3 700~3 800 m。

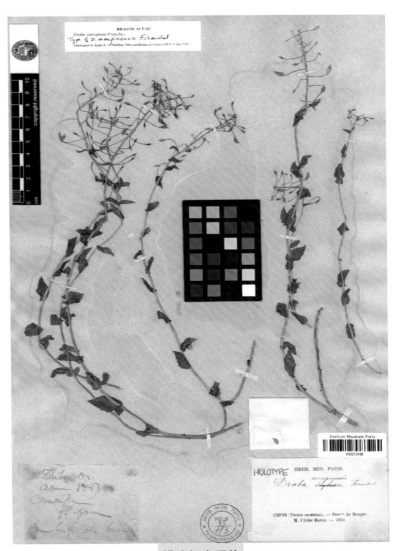

模式标本照片

地模植物照片

景天科	Crassulaceae

48 宝兴景天
Sedum paoshingense S.H. Fu

【形态特征】

多年生草本，有不育茎。花茎斜上，不分枝，无毛。叶互生，近生，线状倒披针形，不具距，全缘，叶厚肉质。花序伞房状；苞片线状倒披针形，不具距；萼片线状披针形，花瓣披针形，白色肉质，先端渐尖，基部分离；鳞片近正方形，长稍过宽；心皮近直立，披针形，花柱细长。

【花果期】

花期 7 月。

【分布】

宝兴县邓池沟。

【本次调查分布】

宝兴县火石溪沟（海拔 1 750 m）。

【生境】

海拔 1 750 m 处山坡石上。

模式标本照片

地模植物照片

49 大鳞红景天
Rhodiola macrolepis（Franchet）S.H.Fu

【形态特征】

多年生草本。根颈粗而短，先端被鳞片。花茎少数，直立，上部被微乳头状突起。叶互生或近轮生，线状披针形，先端急尖，无毛且近全缘。花序伞形聚伞花序；雌雄异株，雄花萼片长圆形；花瓣黄色，宽长圆形至倒卵形，雄蕊8或10枚，黄色；鳞片匙状近四方形，先端有微缺；雄花不育心皮卵形，花柱短；雌花蓇葖披针形，直立。

【花果期】

花期5~9月。

【分布】

中国数字植物标本馆分布区信息：宝兴县两河口蚂蝗坡（海拔3 400 m）。

【本次调查分布】

宝兴县三道牛棚到锅巴岩沟尾（海拔3 838 m）。

【生境】

生于海拔2 130 m的山坡上。

模式标本照片

地模植物照片

| 虎耳草科 | Saxifragaceae |

50 宝兴茶藨子
Ribes moupinense Franchet

【形态特征】

落叶灌木。小枝无刺。叶卵圆形或宽三角状卵圆形，基部心形，上面无柔毛或疏生粗腺毛，下面沿叶脉具短柔毛或混生少许腺毛，常 3~5 裂，裂片三角状长卵圆形或长三角形，顶生裂片长于侧生裂片，边缘具不规则的尖锐单锯齿和重锯齿。花两性；总状花序下垂，花序轴具短柔毛；花梗极短；苞片宽卵圆形或近圆形；花萼绿色而有红晕，外面无毛；萼筒钟形，萼片卵圆形或舌形；花瓣倒三角状扇形；雄蕊几与花瓣等长；子房无毛；花柱先端 2 裂。黑色果实球形。

【花果期】

花期 5~6 月，果期 7~8 月。

【分布】

中国数字植物标本馆分布区信息：宝兴县小灯龙沟林中（海拔 2 500 m）。

【本次调查分布】

宝兴县硗碛到三牛棚（海拔 2 380 m）、宝兴县锅巴岩沟（海拔 2 430 m）。

【生境】

生于山坡路边杂木林下、岩石坡地及山谷林下，海拔 1 400~3 100 m。

模式标本照片

地模植物照片

51 长序茶藨子
Ribes longiracemosum Franchet

【形态特征】

落叶灌木。枝无毛且无刺，芽卵圆形或长圆形。叶卵圆形，基部深心脏形，两面无毛，常掌状裂，裂片卵圆形或三角状卵圆形，顶生裂片长于侧生裂片，边缘具不整齐粗锯齿并杂以少数重锯齿。花两性；总状花序长，下垂，花朵排列疏松；苞片卵圆形或卵状披针形，位于花序上部者较小，卵圆形或近圆形；花萼绿色带紫红色，萼筒钟状短圆筒形；花瓣近扇形；雄蕊长于萼片，子房无毛；花柱先端不分裂或仅柱头 2 浅裂。

【花果期】

花期 4~5 月，果期 7~8 月。

【分布】

中国数字植物标本馆分布区信息：宝兴县邓池沟道沟头（海拔 2 572 m）。

【本次调查分布】

宝兴县菜塘沟（海拔 2 120 m）、宝兴县赶羊沟（海拔 2 120 m）。

【生境】

生于山坡灌丛、山谷林下或沟边杂木林下，海拔 1 700~3 800 m。

模式标本照片

地模植物照片

52 球花溲疏
Deutzia glomeruliflora Franchet

【形态特征】

灌木。花枝有棱，被星状毛。叶纸质，卵状披针形或披针形，边缘具细锯齿，上面疏被 4~5 辐线星状毛，下面被 4~7 辐线星状毛，常具中央长辐线。聚伞花序常紧缩而密聚；萼筒密被具中央长辐线星状毛；花瓣白色，倒卵状椭圆形，外面被星状毛，花蕾时内向镊合状排列；外轮的花丝先端 2 齿，长超过花药，花药长圆形，内轮雄蕊的花丝先端不规则 2~3 浅裂，花药从花丝内侧近中部伸出；花柱约与雄蕊等长。蒴果半球形。

【花果期】

花期 4~6 月，果期 8~10 月。

【分布】

中国数字植物标本馆分布区信息：宝兴县蜂桶寨（海拔 1 550 m）、宝兴邓池沟王家山（海拔 2 050 m、宝兴县陇东镇赶羊沟（海拔 2 700 m）。

【本次调查分布】

宝兴县杉木沟（海拔 1 233 m）、宝兴县邓池沟（海拔 1 756 m）。

【生境】

生于海拔 1 300~2 900 m 的灌丛中。

模式标本照片

地模植物照片

53 长叶溲疏
Deutzia longifolia Franchet

【形态特征】

灌木。花枝疏被星状毛。叶近革质或厚纸质，披针形、椭圆状披针形，边缘具细锯齿，上面疏被 4~6（~7）辐线星状毛，下面灰白色，密被 8~12 辐线星状毛。聚伞花序展开；萼筒杯状，密被灰白色 12~14 辐线星状毛，萼片披针形或长圆状披针形；花瓣紫红色或粉红色，椭圆形或倒卵状椭圆形，外面疏被星状毛，花蕾时内向镊合状排列；外轮雄蕊的花丝先端 2 齿，齿长达花药或超过，内轮雄蕊先端钝，花药从花丝内侧近中部伸出；花柱与雄蕊近等长。蒴果近球形，具宿存萼。

【花果期】

花期 6~8 月，果期 9~11 月。

【分布】

中国数字植物标本馆分布区信息：宝兴县冷木沟（2 350 m）、宝兴县梅里川庙子沟（2 500 m）、宝兴灯笼沟至打枪棚第一洪道（2 725 m）。

【本次调查分布】

宝兴县邓池沟（海拔 1 827 m）、宝兴县硗碛到三牛棚（海拔 2 989 m）。

【生境】

生于海拔 1 800~3 200 m 山坡林下灌丛中。

模式标本照片

地模植物照片

54 西南绣球

Hydrangea davidii Franchet

【形态特征】

灌木。叶纸质，长圆形或狭椭圆形，边缘于基部以上具粗齿或小锯齿，下面黄绿色，脉腋间的毛常密集成丛。伞房状聚伞花序顶生，顶端微拱或截平，密被淡黄褐色短柔毛；不育花萼片 3~4 片，阔卵形、三角状卵形或扁卵圆形，不等大，全缘或具数小齿；孕性花深蓝色，萼筒杯状，萼齿狭披针形或三角状卵形；花瓣狭椭圆形或倒卵形，基部具爪；雄蕊近等长，花药阔长圆形或近圆形；子房近半上位或半上位，花柱 3~4 枚，外弯。蒴果近球形。

【花果期】

花期 4~6 月，果期 9~10 月。

【分布】

中国数字植物标本馆分布区信息：宝兴县兴隆公社杉木沟（海拔 1660 m）、宝兴县赶羊沟（海拔 2140 m）。

【本次调查分布】

宝兴县大池沟（海拔 1544 m）、宝兴县冷木沟（海拔 1870 m）。

【生境】

生山谷密林、山坡路旁疏林或林缘，海拔 1400~2400 m。

模式标本照片

地模植物照片

55 大果钻地风
Schizophragma megalocarpum Chun

【形态特征】

木质藤本或藤状灌木。叶阔卵形，全缘或上部有稀疏的仅具硬尖头的小齿，下面沿脉被短柔毛，中脉两侧和脉腋间的毛常较密集；叶柄近无毛。伞房状聚伞花序初时密被褐色、紧贴短柔毛；不育花萼片卵状披针形；孕性花萼筒倒圆锥形，具棱，基部狭长，萼齿卵状三角形；花瓣长圆形，先端略尖，风帽状；雄蕊近等长，花药长圆形；子房近下位。蒴果倒圆锥形。

【花果期】

花期 7 月，果期 10~11月。

【分布】

中国数字植物标本馆分布区信息：宝兴县赶羊村（海拔 2 000 m）。

【本次调查分布】

宝兴县黄店子沟（海拔 1 804 m）。

【生境】

生于山谷林中，海拔 600 m 以上。

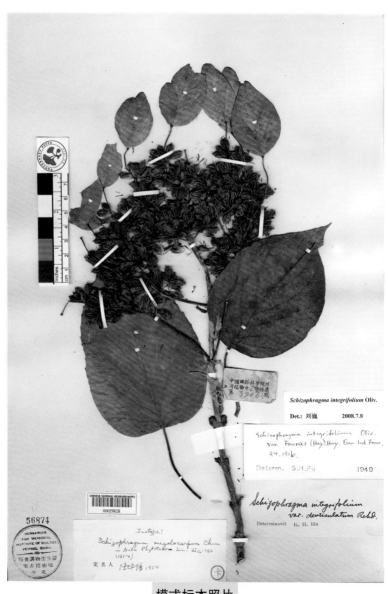

模式标本照片

地模植物照片

56 繁缕虎耳草
Saxifraga stellariifolia Franchet

【形态特征】

多年生草本，丛生。茎被褐色卷曲长腺毛。基生叶和下部茎生叶在花期枯凋；中上部茎生叶具柄，卵形，腹面无毛或疏生腺柔毛，背面和边缘疏生腺柔毛。花单生于茎顶，或聚伞花序伞房状；花梗被褐色腺柔毛；萼片在花期开展至反曲，近椭圆形至卵形，边缘无毛或具腺睫毛，两面无毛，3~5 脉于先端不汇合；花瓣黄色，卵形至椭圆形，基部狭缩成长 0.6~1.1 mm；雄蕊的花丝钻形；子房卵球形。

【花果期】

花果期 6~8 月，花后很快结实。

【分布】

中国数字植物标本馆分布区信息：宝兴县赶羊沟桂墙垮（海拔 3 000 m）。

【本次调查分布】

宝兴县赶羊沟（海拔 3 925 m）、宝兴县夹金山（海拔 4 141 m）。

【生境】

生于海拔 3 000~4 300 m 的林下和高山草甸。

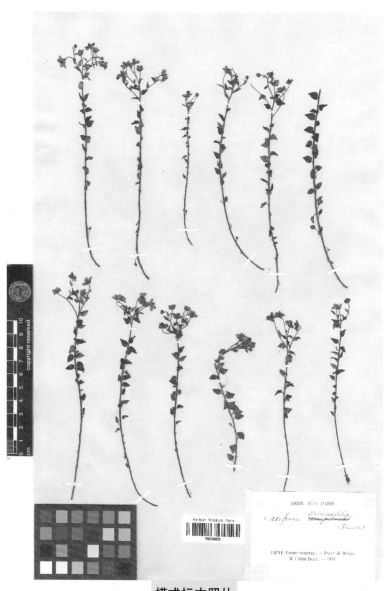

模式标本照片

地模植物照片

57 三芒虎耳草

Saxifraga trinervia Franchet

【形态特征】

多年生密丛草本。茎被腺柔毛，基生叶具长柄，叶片长圆形至披针形，先端具 1~3 芒状柔毛，两面多少具粗毛，边缘具褐色柔毛；茎生叶下部具短柄，上部变无柄，叶片狭披针形或狭长圆形，先端具 1~3 芒状柔毛，两面和边缘多少具褐色腺柔毛。花单生于茎顶；花梗纤细，被褐色腺毛；萼片近椭圆形，先端啮蚀状，腹面和边缘无毛，背面被腺毛；花瓣黄色，长圆形至狭卵形，基部狭缩成长约 0.5 mm；雄蕊的花丝钻形；子房近上位，阔卵球形。

【花果期】

花期 7~8 月。

【分布】

宝兴县赶羊沟桂墙垮（海拔 3 000 m）。

【本次调查分布】

宝兴县锅巴岩沟尾（海拔 4 071 m）。

【生境】

生于海拔 4 100~4 730 m 的高山草甸和高山碎石隙。

模式标本照片

地模植物照片

58　细裂梅花草
Parnassia leptophylla Handel-Mazzetti

【形态特征】

多年生草本。根状茎有褐色膜质鳞片。基生叶片肾形，下面淡绿色，有明显突起 7~9 条脉；托叶边有流苏状毛。茎中部以上具 1 叶，与基生叶同形，无柄半抱茎。花单生于茎顶；萼片长圆形或倒卵长圆形；花瓣白色，长圆状倒卵形，基部楔状渐窄成爪，上半部边缘浅而不规则啮蚀状，下部有短而流苏状毛；雄蕊 5 枚，花丝扁平，向基部逐渐加宽，花药椭圆形，顶生，药隔连合，伸长呈匕首状，伸长程度变化很大；退化雄蕊先端 3 裂，裂片深度占全长 2/3，披针形，中间裂片窄，全长为花丝长度之 3/4；子房球形。

【花果期】

花期 7~8 月。

【分布】

宝兴县赶羊沟桂墙塆（海拔 3 000 m）。

【本次调查分布】

本次调查分布：宝兴县冷木沟（海拔 1 780 m）。

【生境】

生于山坡草地，海拔 2 200~3 060 m。

模式标本照片

地模植物照片

59 革叶茶藨子
Ribes davidii Franchet

【形态特征】

常绿矮灌木。小枝无毛且无刺，枝顶常具叶 2~5 枚；芽卵圆形或长卵圆形。革质叶倒卵状椭圆形或宽椭圆形，边缘自中部以上具圆钝粗锯齿，基部具明显 3 出脉。花雌雄异株，总状花序；雄花序直立，雌花序常 2~3 朵腋生，花序轴具柔毛和腺毛；苞片具单脉，椭圆形或宽椭圆形；花萼萼筒盆形，萼片宽卵圆形或倒卵状长圆形；花瓣楔状匙形或倒卵圆形，先端截形或圆状截形；雄蕊花药圆形，雌花中的雄蕊花粉不育；子房光滑；花柱先端 2 裂。果实椭圆形。

【花果期】

花期 4~5 月，果期 6~7 月。

【本次调查分布】

FTZT00375，宝兴县空石林景区（海拔 2 366 m）。

【生境】

生于山坡阴湿处、路边、岩石上以及林中石壁上，海拔 900~2 700 m。

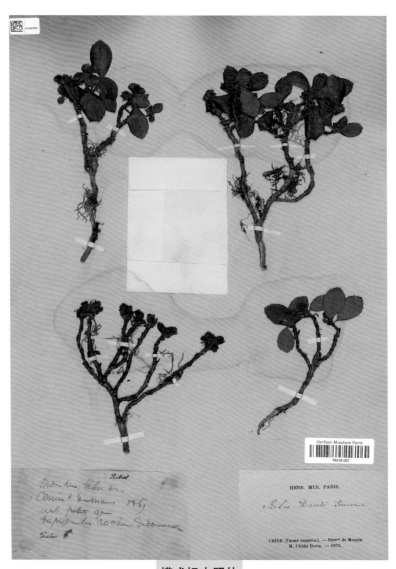

模式标本照片

地模植物照片

60 莼兰绣球
Hydrangea longipes Franchet

【形态特征】

灌木。小枝被黄色短柔毛。叶膜质或薄纸质，阔卵形、阔倒卵形、长卵形或长倒卵形，边缘具不整齐的粗锯齿，上面疏被糙伏毛，下面被稀细柔毛。伞房状聚伞花序顶生，密被扁平、透明、披针状短粗毛；不育花白色，萼倒卵形、阔倒卵形或近圆形；孕性花白色，萼筒杯状，萼齿三角形；花瓣长卵形；花药阔长圆形或近圆形；花柱2枚，外反。蒴果杯状，顶端截平。

【花果期】

花期7~8月，果期9~10月。

【分布】

CVH分布区信息：宝兴县赶羊沟（海拔2 800 m）；宝兴县石窖头（海拔2 550 m）。

【本次调查分布】

FTZT00047，宝兴县赶羊沟贵强湾沟口（海拔2 120 m）。

【生境】

生于山沟疏林或密林下，或较湿润的山坡灌丛中，海拔1 300~2 800 m。

模式标本照片

地模植物照片

61 宝兴梅花草
Parnassia labiata Z. P. Jien

【形态特征】

矮小草本。根状茎细弱。基生叶丛生，莲座状；叶片薄坚纸质，菱形、近圆形、卵状菱形或倒卵状菱形。茎 1~3 条，靠近中部具 1 苞叶，菱状椭圆形，无柄抱茎。花单生于茎顶，花萼萼片平展，长圆状披针形或三角状披针形；花瓣白色，宽椭圆形或卵状椭圆形，骤然收缩为长约 1 mm；花丝略扁平，向基部逐渐加宽，花药椭圆形；退化雄蕊具小红点，上部膨大似头状，2 裂；子房卵状或长圆形。蒴果卵形。

【花果期】

花期 8~9 月。

【分布】

CVH 分布区信息：宝兴县赶羊石窖头下行途中（海拔 2 200 m）。

【本次调查分布】

FTZT00606，宝兴县赶羊沟（海拔 1 962 m）；FTZT01223，宝兴县赶羊沟（海拔 1 966 m）。

【生境】

生于海拔 1 040 m 的草坡中。

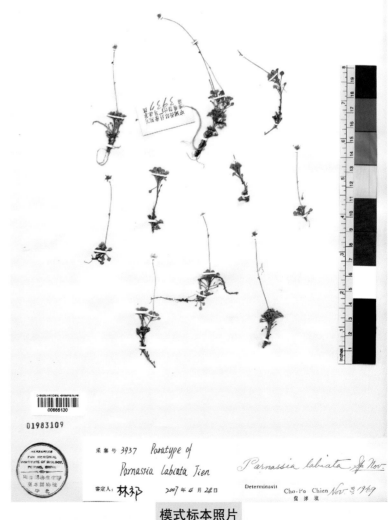

模式标本照片

地模植物照片

蔷薇科　Rosaceae

62　宝兴栒子
Cotoneaster moupinensis Franchet

【形态特征】

落叶灌木，小枝灰黑色。叶片椭圆卵形或菱状卵形，全缘，上面微被稀疏柔毛，具皱纹和泡状隆起，下面沿显明网状脉上被短柔毛。聚伞花序有多数花朵，总花梗和花梗被短柔毛；苞片披针形，有稀疏短柔毛；花萼筒钟状，外面具短柔毛，内面无毛；萼片三角形，先端急尖，外面微具短柔毛；花瓣粉红色，卵形或近圆形；雄蕊短于花瓣；离生花柱 4~5 枚，比雄蕊短；子房顶部有短柔毛。黑色果实近球形或倒卵形，内具 4~5 小核。

【花果期】

花期 6~7 月，果期 9~10 月。

【分布】

中国数字植物标本馆分布区信息：宝兴县五龙乡塔子沟大土山（海拔 1 500 m）、宝兴县硗碛新寨子沟（海拔 2 900 m）。

【本次调查分布】

宝兴县邓池沟（海拔 1 770 m）、宝兴县赶羊沟（海拔 1 962 m）。

【生境】

生于疏林边或松林下，海拔 1 700~3 200 m。

模式标本照片

地模植物照片

63 柳叶栒子
Cotoneaster salicifolius Franchet

【形态特征】

半常绿或常绿灌木，枝条灰褐色。叶片椭圆长圆形至卵状披针形，全缘，上面无毛，侧脉具浅皱纹，下面被灰白色绒毛及白霜，叶脉显明突起。复聚伞花序，总花梗和花梗密被灰白色绒毛；花萼筒钟状，外面密生灰白色绒毛；萼片三角形，先端短渐尖，外面密被灰白色绒毛，内面无毛或仅先端有少许柔毛；花瓣白色平展，卵形或近圆形；雄蕊稍长于花瓣或与花瓣近等长；离生花柱 2~3 枚；子房顶端具柔毛。果实近球形，深红色，小核 2~3 个。

【花果期】

花果期 6~8 月，花后很快结实。

【分布】

中国数字植物标本馆分布区信息：宝兴县锅巴岩至汪家沟途中林内（海拔 1 800 m）。

【本次调查分布】

宝兴县赶羊沟（海拔 1 415 m）、宝兴县邓池沟（海拔 1 669 m）。

【生境】

生于山地或沟边杂木林中，海拔 1 800~3 000 m。

模式标本照片

地模植物照片

64 华西臭樱
Maddenia wilsonii Koehne

【形态特征】

小乔木或灌木。当年生小枝密被赭黄色微硬绒毛状柔毛，后逐渐脱落。叶片长圆形或长圆倒披形，叶边有缺刻状不整齐重锯齿，有时混有不整齐单锯齿，锯齿窄披针形，有长尖头，上面褐绿色，下面淡绿色或棕褐色，密被赭黄色长柔毛或白色柔毛。花多数成总状，生于侧枝顶端；总花梗和花梗密被绒毛状柔毛；苞片长椭圆形；萼片10裂，三角状卵形，萼筒和萼片外面被柔毛；两性花无花瓣；雄蕊排成紧密不规则2轮；雌蕊心皮无毛，花柱伸出雄蕊之外。黑色核果卵球形。

【花果期】

花期4~6月，果期6月。

【分布】

中国数字植物标本馆分布信息：宝兴县邓池沟（海拔2 750 m）、宝兴县冷木沟（海拔2 800 m）。

【本次调查分布】

宝兴县大水沟（海拔1 850 m）、宝兴县硗碛到三牛棚（海拔2 830 m）。

【生境】

生山坡、灌丛中或河边向阳处，海拔1 500~3 560 m。

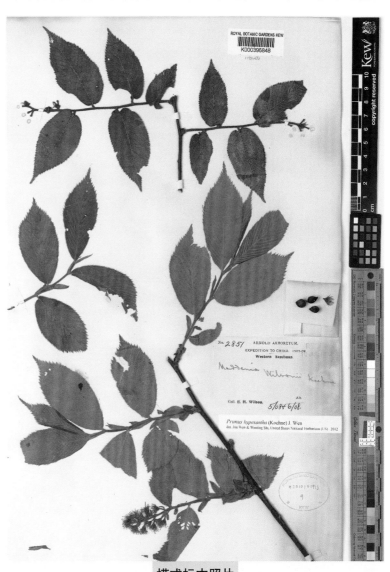

模式标本照片

地模植物照片

65　西南蔷薇
Rosa murielae Rehder & E. H. Wilson

【形态特征】

灌木，小枝有散生直立皮刺或密生细弱针刺。小叶 9~15，小叶片椭圆形或长圆形，稀卵形或广椭圆形，边缘有尖锐单锯齿，齿尖内弯，先端有腺，有时边缘稍向下反卷，下面淡绿色，沿脉有柔毛；托叶大部贴生于叶柄，离生部分耳状卵形。花伞房状，有时单生，苞片和小苞片卵状披针形，下面被短柔毛或无毛；花萼片三角卵形，先端延长成叶状；花瓣白色或粉红色而基部白色，倒卵形，先端微凹；离生花柱密被柔毛，比雄蕊短很多。果椭圆形或梨形，先端有短颈，橘红色，萼片直立宿存。

【花果期】

花期 6~7 月，果期 8~11 月。

【分布】

中国数字植物标本馆分布信息：宝兴县赶羊沟（海拔 2 250 m）、宝兴县打枪棚至哨棚途中沟边（海拔 3 175 m）。

【本次调查分布】

宝兴县赶羊沟（海拔 2 410 m）、宝兴县硗碛到三牛棚（海拔 2 882 m）。

【生境】

多生于灌丛中，海拔 2 300~3 800 m。

模式标本照片

地模植物照片

66 麻叶花楸
Sorbus esserteauiana Koehne

【形态特征】

灌木或乔木。冬芽长椭卵形，外被灰白色绒毛。奇数羽状复叶，小叶片 5~6 对，长圆形、长圆椭圆形或长圆披针形，边缘有尖锐锯齿或细锯齿，近基部全缘，下面密被永不脱落的灰色绒毛，侧脉 12~16 对，到叶边弯曲；托叶草质，半圆形，有粗锯齿，近花序者较发达。复伞房花序；萼筒钟状，外面被绒毛；萼片三角形，先端急尖或稍钝，外面有较稀绒毛或近先端无毛，内面几无毛；白色花瓣卵形或近圆形，雄蕊几与花瓣等长；花柱短于雄蕊，基部有绒毛。红色果实球形，先端有宿存闭合萼片。

【花果期】

花期 5~6 月，果期 8~9 月。

【分布】

中国数字植物标本馆分布区信息：宝兴县东河大水沟（海拔 2 000 m）。

【本次调查分布】

宝兴县冷木沟（海拔 1 730 m）、宝兴县大池沟（海拔 1 757 m）。

【生境】

生于山地从林中，海拔 1 700~3 000 m。

模式标本照片

地模植物照片

67 红果树
Stranvaesia davidiana Decaisne

【形态特征】

灌木或小乔木。冬芽长卵形。叶片长圆形、长圆披针形或倒披针形，全缘，上面中脉下陷，沿中脉被灰褐色柔毛，下面中脉突起，沿中脉有稀疏柔毛。复伞房花序，总花梗和花梗均被柔毛；花萼筒外面有稀疏柔毛；萼片三角卵形，长不及萼筒之半；白色花瓣近圆形；雄蕊花药紫红色；花柱大部分连合，柱头头状，比雄蕊稍短；子房顶端被绒毛。果实近球形，橘红色；萼片宿存。

【花果期】

花期 5~6 月，果期 9~10 月。

【分布】

中国数字植物标本馆分布区信息：宝兴县大池沟伐木场（海拔 1 750 m）、宝兴县赶羊沟（海拔 2 200 m）。

【本次调查分布】

宝兴县冷木沟（海拔 1 552 m）、宝兴县赶羊沟（海拔 3 925 m）、宝兴县邓池沟（海拔 1 770 m）、宝兴县新寨子沟（海拔 2 530 m）。

【生境】

生于山坡、山顶、路旁及灌木丛中，海拔 1 000~3 000 m。

模式标本照片

地模植物照片

68 脱毛弓茎悬钩子
Rubus flosculosus var. *etomentosus* T. T. Yu & L. T. Lu

【形态特征】

灌木。枝疏生紫红色钩状扁平皮刺，幼枝被短柔毛。小叶 5~7 枚，卵形、卵状披针形或卵状长圆形，顶生小叶有时为菱状披针形，下面被灰白色绒毛，边缘具粗重锯齿，有时浅裂；托叶线形。顶生花序为狭圆锥花序，侧生者为总状花序，花梗和苞片均被柔毛；苞片线状披针形；花萼外绒毛渐脱落，仅有柔毛，萼片卵形至长卵形；花瓣粉红色，近圆形；雄蕊多数；花柱无毛，子房具柔毛。果实球形，红色至红黑色，无毛或微具柔毛。

【花果期】

花期 6~7 月，果期 8~9 月。

【分布】

本次调查分布：宝兴冷木沟（海拔 1 790 m）、宝兴冷木沟（海拔 2 367 m）。

【本次调查分布】

宝兴县赶羊沟（海拔 2 410 m）、宝兴县硗碛到三牛棚（海拔 2 882 m）。

【生境】

生山坡路边林缘或杂木林下，海拔 1 700~2 500 m。

模式标本照片

地模植物照片

69 光梗假帽莓
Rubus pseudopileatus var. *glabratus* T. T. Yu & L. T. Lu

【形态特征】

攀援灌木。小枝具柔毛和疏密不等的细皮刺。小叶（3）5~7 枚，卵形或卵状披针形，上面近无毛，下面沿叶脉有疏柔毛，边缘有不整齐或缺刻状重锯齿；托叶线形或线状披针形。花 3~5 朵成伞房状花序，生于小枝顶端或单花腋生；花梗光滑无毛；苞片与托叶相似；花萼紫红色，花萼外面无毛，仅内萼片边缘有绒毛；花瓣宽倒卵形，粉红色或白色转红色；雄蕊长短不等；雌蕊很多，花柱基部和子房密被灰白色长绒毛。红色果实卵球形，密被灰白色长绒毛。

【花果期】

花期 6~7 月，果期 8~9 月。

【分布】

中国数字植物标本馆分布区信息：宝兴县赶羊沟（海拔 2 800 m）。

【本次调查分布】

宝兴县赶羊沟（海拔 2 948 m）、宝兴县三道牛棚到锅巴岩沟尾（海拔 2 948 m）。

【生境】

生山谷阴处、山坡疏林或针、阔叶混交林下，海拔 2 100~2 900 m。

模式标本照片

地模植物照片

70 川西柔毛悬钩子
Rubus pubifolius var. *glabriusculus* T. T. Yu & L. T. Lu

【形态特征】

灌木。小枝被短柔毛和细皮刺。小叶 5~7 枚，稀在花枝上有 3 小叶，顶生小叶卵形或卵状披针形，有时 3 裂，侧生小叶椭圆形或卵形，两面疏生柔毛或仅沿叶脉有柔毛，边缘锯齿较粗大；叶柄均被短柔毛和细小皮刺；托叶线形或线状披针形，具短柔毛；花常单生，花梗被短柔毛和针刺，具稀疏短腺毛；萼片长达 2.5 cm，外面具短柔毛，无刺或有疏针刺；萼片卵形或卵状披针形，顶端尾尖；花瓣白色；雄蕊多数，花丝近基部稍宽；雌蕊较多，子房密被绒毛。

【花果期】

花果期 7~8 月。

【分布】

中国数字植物标本馆分布区信息：宝兴县小灯龙沟（海拔 2 400 m）。

【本次调查分布】

宝兴县三道牛棚到锅巴岩沟尾（海拔 3 310 m）。

【生境】

生沟旁林边，海拔 2 400~3 400 m。

模式标本照片

地模植物照片

71 西北蔷薇
Rosa davidi Crépin

【形态特征】

灌木；小枝刺直立或弯曲，通常扁而基部膨大。小叶 7~9 片，稀 11 或 5 片；小叶片卵状长圆形或椭圆形，边缘有尖锐单锯，而近基部全缘，上面通常无毛，下面灰白色，密被短柔毛或至少散生柔毛，小叶柄和叶轴有短柔毛，腺毛和稀疏小皮刺；托叶大部贴生于叶柄。伞房状花序，苞片卵形或披针形披短柔毛；花梗有柔毛和腺毛；花萼片卵形，先端伸长成叶状，两面均有短柔毛；花瓣深粉色，宽倒卵形，先端微凹，基部宽楔形；花柱离生，密被柔毛，比雄蕊短或近等长。果长椭圆形或长倒卵球形，顶端有长颈，深红色或橘红色，有腺毛或无腺毛；果梗密被柔毛和腺毛，萼片宿存直立。

【花果期】

花期 6~7 月，果期 9 月。

【分布】

CVH 分布区信息：宝兴县打枪棚（海拔 3 175 m）、宝兴县赶羊沟桂墙湾（海拔 2 850 m）。

【本次调查分布】

FTZT01367，宝兴县赶羊沟（海拔 2 178 m）。

【生境】

生山坡灌木丛中或林边，海拔 1 500~2 600 m。

模式标本照片

地模植物照片

72 西藏悬钩子
Rubus thibetanus Franchet

【形态特征】

灌木。枝被白粉。小叶（5）7~（11~13）枚，上面具柔毛，下面密被灰白色绒毛，边缘具深裂或粗锐锯齿；顶生小叶卵状披针形，比侧生小叶长1倍以上，边缘常羽状分裂；托叶线状披针形，有柔毛。伞房花序常生于侧枝顶端，具花3~8朵；花梗和总花梗均密被柔毛；花萼外面密被柔毛；萼片三角披针形；花瓣圆卵形，浅红色至紫红色；雄蕊紫红色，几与花柱等长；花柱无毛，子房密被柔毛。果实近球形，紫黑色或暗红色，密被灰色柔毛。

【花果期】

花期6月，果期8月。

【此式调查分布】

FTZT00066，宝兴县黄店子沟（海拔1 976 m）。

【生境】

生低山灌丛中、林缘、山坡路旁或水沟旁，海拔900~2 100 m。

模式标本照片

地模植物照片

73 大果花楸
Sorbus megalocarpa Rehder

【形态特征】

灌木或小乔木。有时附生在其他乔木枝干上面。冬芽卵形，先端稍钝，外被多数棕褐色鳞片。叶片椭圆倒卵形或倒卵状长椭圆形，边缘有浅裂片和圆钝细锯齿，两面均无毛，有时下面脉腋间有少数柔毛，侧脉直达叶边锯齿尖端。复伞房花序具多花，总花梗和花梗被短柔毛；萼筒钟状，外面被短柔毛，内面近无毛，萼片宽三角形；花瓣宽卵形至近圆形；雄蕊约与花瓣等长；花柱基部合生，与雄蕊等长。果实卵球形或扁圆形，直径 1~1.5 cm，有时达 2 cm，长 2~3.5 cm，萼片残存在果实先端呈短筒状。

【花果期】

花期 4 月，果期 7~8 月。

【本次调查分布】

FTZT01368，宝兴县若壁沟（海拔 1 600 m）。

【生境】

生于山谷、沟边或岩石坡地，海拔 1 400~2 050 m。

模式标本照片

地模植物照片

74 泡吹叶花楸
Sorbus meliosmifolia Rehder

【形态特征】

乔木。小枝黑褐色或暗红褐色。叶片长椭卵形至长椭倒卵形，边缘具重锯齿，上面无毛，叶脉下陷，下面在脉腋间具绒毛，侧脉 16~24 对，直达齿尖，在下面突起。复伞房花序，花萼筒钟状，外面有带黄色短柔毛，内面近无毛；萼片三角卵形，外面有短柔毛，内面有稀疏柔毛；花瓣卵形，白色；雄蕊与花瓣近等长；花柱中部以上合生，约与雄蕊等长。果实近球形或卵形，褐色，具多数锈色斑点，先端萼片脱落后留有圆斑。

【花果期】

花期 4~5 月，果期 8~9 月。

【本次调查分布】

FTZT00573，宝兴县赶羊沟（海拔 2 386 m）；FTZT01204；宝兴县赶羊沟（海拔 2 310 m）。

【生境】

生于山谷丛林中，海拔 1 400~2 800 m。

模式标本照片

地模植物照片

75 狭苞悬钩子
Rubus angustibracteatus T.T.Yu & L.T.Lu

【形态特征】

攀援灌木。枝具稀疏钩状皮刺。单叶不分裂，卵状披针形或长圆披针形，上面稀沿中脉稍有柔毛，下面密被浅黄色绒毛，中脉疏生钩状小皮刺，边缘有不整齐锐锯齿。花成狭窄圆锥花序或短总状花序，顶生和腋生，总花梗和花梗具长柔毛和腺毛，总花梗上具小皮刺；花萼密被绒毛、浅黄色长柔毛和紫红色腺毛；萼片全缘，卵形或卵状披针形；花瓣近圆形，具细柔毛；雄蕊花丝近基部宽扁；雌蕊约 20 枚，子房顶端和花柱基部具柔毛。果实包藏在宿萼内。

【花果期】

花期 5~6 月，果期 7~8 月。

【本次调查分布】

FTZT00041，宝兴县赶羊沟（海拔 2 038 m）；此外在保护区邓池沟内有发现。

【生境】

生于海拔 1 900~2 200 m 的山地林中。

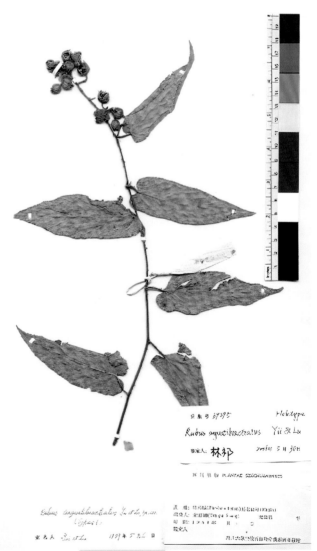

模式标本照片

地模植物照片

76 宝兴悬钩子
Rubus ourosepalus Cardot

【形态特征】

藤状小灌木。枝具针刺、腺毛和疏柔毛。单叶，心状宽卵形，边缘有尖锐锯齿和稀疏腺毛，不分裂或浅裂，裂片具急尖头；托叶离生掌状深裂几达基部，裂片线状披针形，有腺毛和柔毛。花 1~4 朵，生于枝顶成花序或单花腋生；花梗被针刺、腺毛和柔毛；苞片深裂至基部，具 2~3 枚线形或钻形裂片；花萼外具针刺、腺毛和柔毛；白色花瓣卵形；雄蕊排成多列；雌蕊子房幼时在顶端和花柱基部有细柔毛，逐渐脱落无毛。果实半球形，红色，藏于宿存花萼内。

【花果期】

花期 6~7 月，果期 8~9 月。

【分布】

CVH 分布区信息：兴县赶羊沟桂墙湾（海拔 3 000 m）。

【本次调查分布】

FTZT01006，宝兴县赶羊沟（海拔 2 337 m）。

【生境】

生于海拔 3 000 m 左右的山地灌丛中。

模式标本照片

地模植物照片

77 腺毛密刺悬钩子
Rubus subtibetanus var.*glandulosus* T.T.Yu & L.T.Lu

【形态特征】

攀援灌木。老枝密被长短不等的针刺、短皮刺和柔毛，枝、叶柄、花梗和花萼外面均有较密腺毛；小枝被较密针刺。小叶 3~5 枚，顶生小叶宽卵形至卵状披针形，边缘常羽状分裂，侧生小叶斜椭圆形或斜卵形，下面密被灰白色至黄灰色绒毛，边缘有不整齐或缺刻状粗锯齿；托叶线状披针形。伞房花序顶生或腋生；花萼外密被柔毛，萼片长卵形至卵状披针形；花瓣近圆形，白色带红或紫红色；雄蕊花丝线形；子房具柔毛。果实近球形，成熟时蓝黑色。

【花果期】

花期 5~6 月，果期 6~7 月。

【本次调查分布】

FTZT00563，宝兴县大池沟（海拔 1 997 m）。

【生境】

生于山坡或山谷灌丛中，海拔达 2300 m。

【注】

FOC 将此种更名为脱毛密刺悬钩子。

模式标本照片

地模植物照片

| 豆　科 | Fabaceae |

78 宝兴黄耆
Astragalus davidii Franchet

【形态特征】

多年生草本，具匍匐茎。奇数羽状复叶，具 13~17 片小叶；托叶离生，三角状披针形；小叶长圆状卵形或长圆状披针形，两面近无毛。总状花序，总花梗腋生；苞片三角形；花梗疏被白色短柔毛；花萼钟状，疏被白色短柔毛，萼齿不明显或短小；花冠青紫色，旗瓣长圆形，先端微凹，基部渐狭成瓣柄，翼瓣较旗瓣稍短，瓣片狭长圆形，龙骨瓣与旗瓣近等长，瓣片半卵形；具柄子房线形。荚果线形，果颈长约 1 cm，露出宿萼外很多。

【花果期】

花果期 6~7 月。

【本次调查分布】

宝兴县邓池沟（海拔 1 694 m）、宝兴县赶羊沟（海拔 2 685 m）。

【生境】

生于海拔 1 600~2 700 m 的山谷或山坡林下。

模式标本照片

地模植物照片

卫矛科   Celastraceae

79 灰叶南蛇藤
Celastrus glaucophyllus Rehder & E. H. Wilson

【形态特征】

木质藤本。小枝具椭圆至长椭圆形疏散皮孔。叶在果期常半革质，长方椭圆形、近倒卵椭圆形或椭圆形，稀窄椭圆形，边缘具稀疏细锯齿，齿端具内曲的腺状小凸头，侧脉4~5对，叶背灰白色或苍白色；叶柄长8~12 mm。花序顶生及腋生，顶生成总状圆锥花序，腋生者多仅3~5花，花序梗通常很短，关节在中部或偏上；花萼裂片椭圆形或卵形；花瓣倒卵长方形或窄倒卵形；花盘浅杯状；雄蕊稍短于花冠，花药阔椭圆形到近圆形。果实近球状。

【花果期】

花期3~6月，果期9~10月。

【分布】

中国数字植物标本馆分布区信息：宝兴县灯笼沟（海拔2 700 m）、宝兴县梅里川银厂沟（海拔2 450 m）。

【本次调查分布】

宝兴县邓池沟（海拔1 759 m）。

【生境】

生长于海拔700~3 700 m处的混交林中。

模式标本照片

地模植物照片

80 岩卫矛
Euonymus saxicolus Loesener & Rehder

【形态特征】

落叶灌木。小枝有细密皮孔状瘤点。叶长方卵形、卵状披针形或近卵形，边缘具浅钝锯齿，齿端有时具深棕色硬突，近基部一对侧脉较长，略呈三出状。聚伞花序，总花梗细丝状，花淡绿色。蒴果扁球状，顶端4浅裂，4心皮连接处各有1条细棱线，果皮较薄，带红色，每室1种子；种子近椭圆状，种皮紫红色，假种皮橙色，半包围种子内侧。

【花果期】

花期5月，果期7~9月。

【分布】

中国数字植物标本馆分布区信息：宝兴县赶羊村石窑头（海拔3 000 m）。

【本次调查分布】

宝兴县邓池沟（海拔1 777 m）。

【生境】

生长山中石壁上。

模式标本照片

地模植物照片

81 短翅卫矛
Euonymus rehderianus Loesener

【形态特征】

小灌木。叶革质，长方椭圆形、窄长圆形，少为长方卵形，近全缘或叶片上半部有细小锯齿，叶脉不显。聚伞花序通常在小枝上侧生；花序梗细长，1~2 次 3 出分枝；花紫色或紫绿色；花盘 5 浅裂；雄蕊无花丝；子房扁阔稍呈五角状，柱头圆头状，无花柱。蒴果近扁球状，翅宽短，翅长约 5 mm。

【花果期】

花期 4~5 月，果期 7~10 月。

【本次调查分布】

本次调查分布：宝兴县邓池沟（海拔 1 735 m）。

【生境】

生长于海拔 1 600~2 300 m 山坡沟边或林中。

模式标本照片

地模植物照片

槭树科　Aceraceae

82　青榨槭
Acer davidii Franchet

【形态特征】

落叶乔木。冬芽腋生，长卵圆形。叶纸质，长圆卵形或近于长圆形，常有尖尾，边缘具不整齐的钝圆齿；下面淡绿色，嫩时沿叶脉被紫褐色的短柔毛，渐老成无毛状。花黄绿色，雄花与两性花同株，成下垂的总状花序，顶生于着叶的嫩枝，开花与嫩叶的生长大致同时；萼片椭圆形；花瓣倒卵形；雄蕊、花盘无毛，子房被红褐色的短柔毛，花柱柱头反卷。翅果嫩时淡绿色，成熟后黄褐色；翅宽 1~1.5 cm，连同小坚果共长 2.5~3 cm，展开成钝角或几成水平。

【花果期】

花期 4 月，果期 9 月。

【分布】

中国数字植物标本馆分布区信息：宝兴县盐井坪（海拔1 750 m）、宝兴县邓池沟（海拔2 300 m）。

【本次调查分布】

宝兴县邓池沟(海拔1700m)、宝兴县赶羊沟（海拔2 200 m）。

【生境】

生于海拔 800~2 500 m 的疏林中。

模式标本照片

地模植物照片

清风藤科　　Sabiaceae

83　泡花树
Meliosma cuneifolia Franchet

【形态特征】

　　落叶灌木或乔木。单叶纸质，倒卵状楔形或狭倒卵状楔形，约 3/4 以上具侧脉伸出的锐尖齿，叶面初被短粗毛，叶背被白色平伏毛；侧脉劲直达齿尖，脉腋具明显髯毛。圆锥花序顶生，直立，被短柔毛；萼片宽卵形；外面 3 片花瓣近圆形，内面 2 片花瓣 2 裂达中部，裂片狭卵形；子房高约 0.8 mm。核果扁球形。

【花果期】

　　花期 6~7 月，果期 9~11 月。

【分布】

　　中国数字植物标本馆分布区信息：宝兴县邓池沟（海拔 2 000 m）。

【本次调查分布】

　　宝兴县邓池沟（海拔 1 724 m）、宝兴县菜塘沟（海拔 2 619 m）。

【生境】

　　生于海拔 650~3 300 m 的落叶阔叶树种或针叶树种的疏林或密林中。

模式标本照片

地模植物照片

凤仙花科 | Balsaminaceae

84 短喙凤仙花
Impatiens rostellata Franchet

【形态特征】

一年生草本。叶片硬质，卵形或椭圆形，边缘具圆齿状小锯齿，齿端或齿间具刚毛。总花梗生于上部叶腋；白色具 2 朵，粉红色，黄色或天蓝色，侧生萼片 2 片，宽卵形。旗瓣圆形或宽卵形，背面中肋增厚，中部具小囊或三角形的鸡冠状突起；翼瓣无柄，2 裂，基部裂片宽圆形，上部裂片稍长，长圆形或狭斧形，背部顶端以下圆形具缺裂，背部具反折的窄小耳；唇瓣檐部宽漏斗状，舟状，口部平展，中下部基部之间尖，渐狭成长于檐部旋卷的距。花丝短宽，子房纺锤形。蒴果线形或狭近棒状。

【花果期】

花期 7~8，果期 9 月。

【分布】

中国数字植物标本馆分布区信息：宝兴县冷木沟（海拔 1 500 m）、宝兴县大池沟伐木场（海拔 2 200 m）。

【本次调查分布】

宝兴县青山沟（海拔 1 693 m）、宝兴县赶羊沟（海拔 2 047 m）。

【生境】

生于林缘或草丛中、路边阴湿处，海拔 1 600~2 400 m。

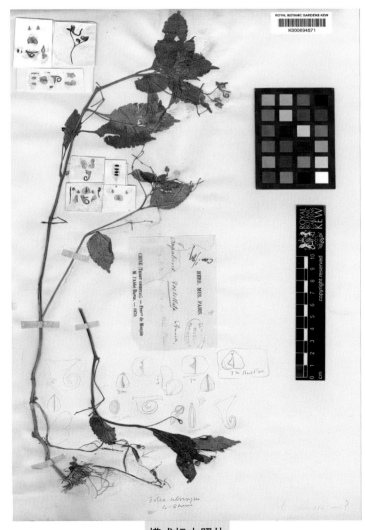

模式标本照片

地模植物照片

85 条纹凤仙花
Impatiens vittata Franchet

【形态特征】

一年生草本。茎有分枝。最上部的叶近无柄，下部的具柄，膜质，卵状披针形，边缘具圆齿，齿端具小尖。总花梗生于上部叶腋，具1花，中部具1苞片。花黄色，唇瓣具紫色条纹。侧生萼片2，圆形，淡绿色，中肋背面基部具小囊。旗瓣圆形，中肋背面具大圆形的鸡冠状突起；翼瓣具宽短柄，2裂，裂片均具顶生的细丝，基部裂片具密紫色斑点，上部裂片具紫色线条，背部具圆形小耳，唇瓣囊状，口部近平展，尖或渐尖，基部具内弯2浅裂的短粗距。子房线形。

【花果期】

花期8~9月。

【分布】

CVH分布区信息：宝兴县中樑子（海拔2 900 m）。

【本次调查分布】

FTZT00030，宝兴县赶羊沟（海拔1 962 m）；FTZT01160，宝兴县中岗村（海拔1 819 m）。

【生境】

生于山谷林缘阴湿处，海拔1 500~2 000 m。

模式标本照片

地模植物照片

猕猴桃科　Actinidiaceae

86　银花藤山柳

Clematoclethra loniceroides C.F. Liang & Y.C. Chen

【形态特征】

双子叶藤本植物。老枝黑褐色，无毛；小枝褐色，被密集绒毛及少量刚毛。叶卵形，边缘有纤毛状小齿，腹面除叶脉有少量柔毛及刚毛外，余处无毛，背面密被绒毛，叶脉上有刚毛；叶柄密被绒毛，并具少量刚毛。花序柄短于叶柄，密被长绒毛，有花 4~5 朵；花白色，萼片密被绒毛，干后边缘呈白色；花瓣长约 4 mm。

【花果期】

花期 6 月。

【本次调查分布】

宝兴县冷木沟（海拔 1 505 m）、宝兴县若壁沟（海拔 1 960 m）。

【生境】

生于山地灌丛中。

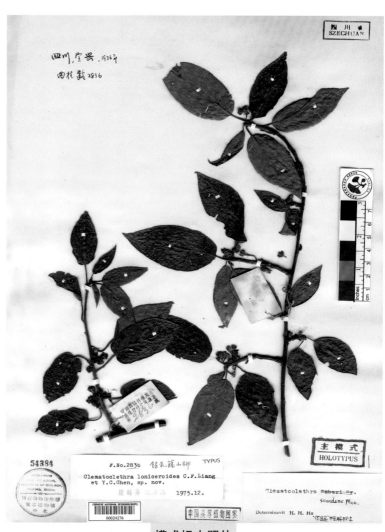

模式标本照片

地模植物照片

87 刚毛藤山柳
Clematoclethra scandens （Franchet） Maximowicz

【形态特征】

老枝无毛，小枝被刚毛，基本无绒毛。叶纸质，卵形、长圆形、披针形或倒卵形，边缘有胼胝质睫状小锯齿，腹面叶脉上有刚毛，背面全部被或厚或薄的细绒毛，叶脉上又兼被刚毛；叶柄被刚毛，基本无绒毛。花序被细绒毛或兼被刚毛；小苞片被细绒毛，披针形；花白色；萼片矩卵形，无毛或略被细绒毛；花瓣瓢状倒矩卵形。果干后直径 6~8 mm。

【花果期】

花期 6 月，果期 7~8月。

【分布】

中国数字植物标本馆分布区信息：宝兴县蜂桶寨后山岗（海拔 1 710 m）。

【本次调查分布】

宝兴大水沟（海拔1 790 m）。

【生境】

生于海拔 1 800~2 500 m的山林中。

模式标本照片

地模植物照片

董菜科　　Violaceae

88　深圆齿堇菜
Viola davidii Franchet

【形态特征】

多年生细弱无毛草本，无地上茎。叶基生，叶片圆形或有时肾形，边缘具较深圆齿，上面深绿色，下面灰绿色；叶柄长短不等，叶离生或仅基部与叶柄合生，边缘疏生细齿。花白色或有时淡紫色；花梗上部有 2 枚线形小苞片；萼片披针形；花瓣倒卵状长圆形，侧方花瓣与上方花瓣近等大，下方花瓣较短，有紫色脉纹；距较短囊状；子房球形，花柱棍棒状，基部膝曲，柱头两侧及后方有狭缘边，前方具短喙。蒴果椭圆形。

【花果期】

花期 3~6 月，果期 5~8月。

【本次调查分布】

宝兴县大池沟（海拔 1 997 m）、宝兴县大水沟（海拔 1 718 m）。

【生境】

生于林下、林缘、山坡草地、溪谷或石上阴蔽处。

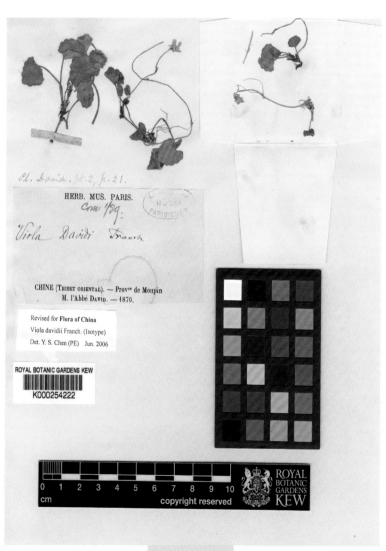

模式标本照片

地模植物照片

蓝果树科 Nyssaceae

89 珙 桐
Davidia involucrata Baillon

【形态特征】

落叶乔木。叶纸质常密集于幼枝顶端，阔卵形或近圆形，边缘有三角形而尖端锐尖的粗锯齿，叶背密被淡黄色或淡白色丝状粗毛。花由多数的雄花与 1 个雌花或两性花成近球形的头状花序，着生于幼枝的顶端，基部具纸质、矩圆状卵形或矩圆状倒卵形花瓣状的苞片 2~3 枚。雄花无花萼及花瓣，花药椭圆形；雌花子房的顶端具退化的花被及短小的雄蕊，花柱粗壮，分成 6~10 枝，柱头向外平展，每室有 1 枚胚珠，常下垂。果实为长卵圆形核果，外果皮很薄，中果皮肉质，内果皮骨质具沟纹。

【花果期】

花期 4 月，果期 10 月。

【分布】

中国数字植物标本馆分布区信息：宝兴蒲溪沟大沟路边林中（海拔 2 350 m）。

【本次调查分布】

宝兴大水沟（海拔 1 767 m）、宝兴赶羊沟（海拔 2 308 m）。

【生境】

生于海拔 1 500~2 200 m 的润湿的常绿阔叶和落叶阔叶的混交林中。

模式标本照片

地模植物照片

五加科   Araliaceae

90 细刺五加
Acanthopanax setulosus Franchet

【形态特征】

灌木。枝节上通常有倒钩状刺，节间密生红棕色刚毛或无毛，有刺或无刺。叶有 5 小叶，小叶片纸质，长圆状卵形至长圆状倒卵形，上面脉上散生刚毛，下面无毛，边缘中部以上有细牙齿状。伞形花序单生短枝上，有花多数；总花梗密生刚毛，后刚毛脱落；花萼边缘有 5 小齿；花瓣卵状长圆形，开花时反曲；花柱基部合生。果实球形，有 5 棱，黑色。

【花果期】

花期 7 月，果期 9 月。

【分布】

中国数字植物标本馆分布区信息：宝兴县陇东乡陇东大沟林下（海拔 1 700 m）。

【本次调查分布】

宝兴县紫云村（海拔 1 370 m）、宝兴县邓池沟（海拔 2 013 m）。

【生境】

生境 生于森林下，海拔约 2 000 m。

模式标本照片

地模植物照片

| 伞形科 | Apiaceae |

91 马蹄芹
Dickinsia hydrocotyloides Franchet

【形态特征】

一年生草本。茎直立。基生叶圆形或肾形，边缘有圆锯齿，齿的顶端常微凹，很少有小尖头，齿缘或齿间有时疏生不明显的小刺毛，掌状脉中部以上分歧。叶状总苞片 2 枚，着生茎的顶端；花序梗生于两叶状苞片之间；伞形花序有花 9~40，花柄基部有阔线形或披针形的小总苞片；花瓣白色或草绿色，卵形；花柱短。果实背腹扁压，近四棱形，背面有主棱 5 条，边缘扩展呈翅状。

【花果期】

花果期 4~10 月。

【分布】

中国数字植物标本馆分布区信息：宝兴县小灯龙沟（海拔 2 750 m）。

【本次调查分布】

宝兴县大水沟（海拔 1 850 m）。

【生境】

生长在海拔 1 500~3 200 m 的阴湿林下或水沟边。

模式标本照片

地模植物照片

92 宝兴棱子芹
Pleurospermum davidii Franchet

【形态特征】

粗壮多年生草本。根颈部残存褐色叶鞘；茎中空，有细条棱。基生叶或下部叶有较长的柄，基部扩展成鞘状，叶片轮廓宽三角状卵形，三出式3回羽状分裂，末回羽片狭卵形至披针形，有5~7对羽状分裂，裂片上部细齿状分裂；上部的叶有较短的柄；序托叶倒卵形，顶端叶状分裂。顶生复伞形花序较大；总苞片倒披针形；小总苞片倒披针形，顶端常3裂；花柄微有粗糙毛，萼齿不明显，花瓣白色，宽卵形。果实卵形，果棱有宽的波状翅。

【花果期】

花期7月，果期8~9月。

【分布】

中国数字植物标本馆分布区信息：宝兴县打枪棚草鞋坪林下路边（海拔3 700 m）。

【本次调查分布】

宝兴县三道牛棚到锅巴岩沟尾（海拔3 879 m）。

【生境】

生于海拔3 200~4 000 m的山坡草地。

模式标本照片

地模植物照片

93 囊瓣芹
Pternopetalum davidii Franchet

【形态特征】

多年生草本。根状茎棕褐色，具节，根粗线状。茎 1~3 个，中部以上一般只有 1 个叶片。基生叶有稀疏的柔毛，基部有深褐色宽膜质叶鞘；叶片 2 回三出分裂，卵形、长卵形或菱形，基部截形或略呈楔形，中部以上有钝齿或锯齿，顶端短尖至长尖，沿叶脉两侧有粗伏毛；茎生叶无柄或有短柄，与基生叶同形。复伞形花序有长花序梗；无总苞；小总苞片 2~3 枚，线状披针形；小伞形花序有花 2~4 朵，花柄一侧有粗伏毛；萼齿钻形，花瓣白色，长倒卵形，顶端微凹。果实圆卵形，果棱上具丝状细齿。

【花果期】

花果期 4~10 月。

【分布】

中国数字植物标本馆分布区信息：宝兴县大池沟伐木场（海拔 2 200 m）、宝兴县邓池沟囊顶山（海拔 3 000 m）。

【本次调查分布】

宝兴县大水沟（海拔 1 645 m）、宝兴县锅巴岩沟（海拔 2 430 m）。

【生境】

生于海拔 1 500~3 000 m 的山间谷地和林下。

模式标本照片

地模植物照片

94 异叶囊瓣芹
Pternopetalum heterophyllum Handel-Mazzetti

【形态特征】

多年生草本。根茎纺锤形，茎不分枝。基生叶有柄，基部有阔卵形膜质叶鞘，叶片三角形，三出分裂，裂片扇形或菱形，边缘有锯齿，或 2 回羽状分裂，裂片线形，披针形，全缘或顶端 3 裂；茎生叶无柄或有短柄，1~2 回三出分裂，裂片线形。复伞形花序顶生或侧生，无总苞；伞辐通常 10~20，小总苞片线形；小伞形花序有花 1~3 朵，萼齿钻形或三角形，花瓣长卵形。果实卵形。

【花果期】

花果期 4~9 月。

【分布】

CVH 分布区信息：宝兴县赶羊沟桂墙湾（海拔 2 850 m）。

【本次调查分布】

FTZT01230，宝兴县赶羊沟（海拔 2 050 m）。

【生境】

生于海拔 1 200~2 800 m 的沟边、林下、灌丛中荫蔽潮湿处。

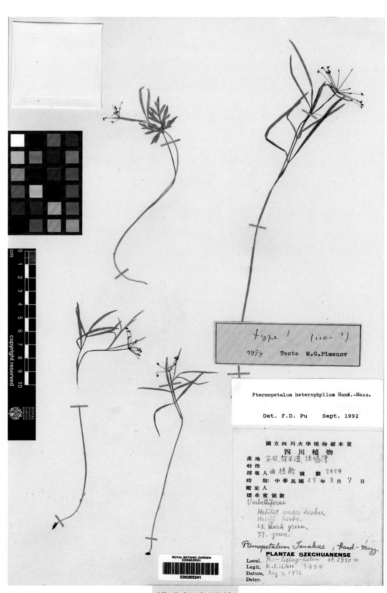

模式标本照片

地模植物照片

| 山茱萸科 | Cornaceae |

95 宝兴梾木
Swida scabrida （Franchet） Holub

【形态特征】

灌木。茎具有黄白色圆形皮孔。叶纸质，椭圆形或卵圆形，边缘微波状，上面深绿色，散生平贴短柔毛，下面灰绿色，密被灰白色平贴短柔毛及乳头状突起，被黄白色平展的卷曲毛。顶生或腋生圆锥状聚伞花序，密被红棕色短硬毛，在下部分枝上尚有少数疣状腺体；花白色，花萼裂片宽三角形，短于花盘，外侧被毛；花瓣舌状长圆形至披针形；花丝线形，花柱圆柱形，柱头扁头形。黑色核果近于球形。

【花果期】

花期 6~7 月，果期 8~9月。

【分布】

中中国数字植物标本馆分布区信息：宝兴县小灯龙沟林边（海拔 2 550 m）。

【本次调查分布】

宝兴县赶羊沟（海拔1 962 m）、宝兴县硗碛到三牛棚（海拔 2 830 m）。

【生境】

生于海拔 1 850~2 550 m的山林中。

模式标本照片

地模植物照片

96 高大灰叶梾木
Swida poliophylla var. *praelonga* W.P. Fang & W.K. Hu

【形态特征】

乔木。树皮浅褐色。叶片较大，厚纸质或亚革质，近卵圆形或椭圆形。顶生伞房状聚伞花序密被锈红色的柔毛；花白色，花萼裂片披针形，外侧被短柔毛；花瓣舌状长圆形或卵状披针形，雄蕊着生于花盘外侧，花盘垫状，花柱圆柱形，子房下位，花托被淡褐色及灰白色贴生短柔毛。核果球形，成熟时黑色，微被贴生短柔毛。

【花果期】

花期 6 月，果期 10 月。

【分布】

CVH 分布区信息：宝兴县中岗村洪水沟（海拔 2 250 m）。

【本次调查分布】

FTZT01332，宝兴县若壁沟（海拔 1 921 m）。

【生境】

生于海拔 2 300 m 的森林中。

【注】

FOC 将此种处理为 *Cornus schindleri* Wangerin 康定梾木。

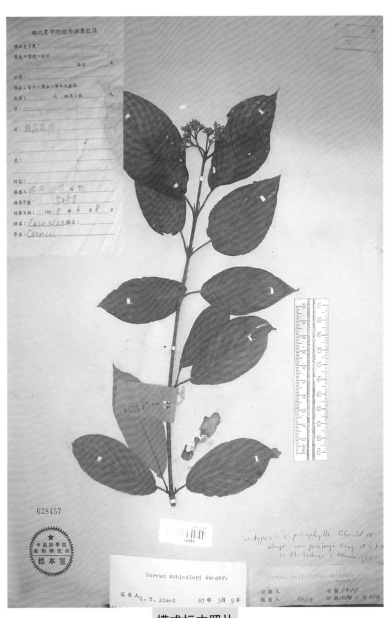

模式标本照片

地模植物照片

杜鹃花科 | Ericaceae

97 银叶杜鹃
Rhododendron argyrophyllum Franchet

【形态特征】

常绿小乔木或灌木。小枝淡绿色或紫绿色。叶常 5~7 枚密生于枝顶，革质，长圆状椭圆形或倒披针状椭圆形，边缘微向下反卷，叶背面有银白色的薄毛被。总状伞形花序，有花 6~9 朵；总轴有稀疏淡黄色柔毛；花萼 5 裂，有少许短绒毛；花冠钟状，乳白色或粉红色，喉部有紫色斑点，裂片近于圆形；雄蕊花丝不等长，包藏于花冠筒内，基部有白色微绒毛，花药椭圆形；雌蕊与花冠近等长或微伸出于花冠外；子房圆柱状，被白色短绒毛，花柱无毛，柱头膨大。蒴果圆柱状，略弯曲，成熟后有白色短绒毛宿存或无毛。

【花果期】

花期 4~5 月，果期 7~8 月。

【分布】

CVH 分布区信息：宝兴县冷木沟（海拔 1 600 m）。

【本次调查分布】

FTZT00032，宝兴县赶羊沟（海拔 2 047 m）；FTZT00441，宝兴县锅巴岩沟（海拔 2 401 m）；FTZT00449，宝兴县锅巴岩沟（海拔 2 309 m）；FTZT00477，宝兴县大水沟（海拔 1 809 m）；FTZT00479，宝兴县大水沟（海拔 1 850 m）；FTZT00582，宝兴县赶羊沟（海拔 2 038 m）。

【生境】

生于海拔 1 600~2 300 m 的山坡、沟谷的丛林中。

模式标本照片

地模植物照片

98 美容杜鹃
Rhododendron calophytum Franchet

【形态特征】

常绿灌木或小乔木。冬芽阔卵圆形。叶厚革质，长圆状倒披针形或长圆状披针形，边缘微反卷，叶背面淡绿色，幼时有白色绒毛，不久变为无毛。顶生短总状伞形花序，苞片黄白色，狭长形，先端短渐尖，被有白色绢状细毛；花萼无毛，宽三角形；花冠阔钟形，红色或粉红色至白色，基部略膨大，内面基部上方有 1 枚紫红色斑块，裂片 5~7 片，不整齐，有明显的缺刻；雄蕊不等长，花丝白色，基部有少数微柔毛；子房圆屋顶形，绿色无毛，花柱柱头盘状。蒴果斜生果梗上，长圆柱形至长圆状椭圆形，有肋纹，花柱宿存。

【花果期】

花期 4~5 月，果期 9~10 月。

【分布】

中国数字植物标本馆分布区信息：宝兴县邓池沟林中（海拔 2 350 m）。

【本次调查分布】

宝兴锅巴岩沟（海拔 2 400 m）、宝兴县菜塘沟（海拔 2 572 m）。

【生境】

生于海拔 1 300~4 000 m 的森林中或冷杉林下。

模式标本照片

地模植物照片

99 大白杜鹃
Rhododendron decorum Franchet

【形态特征】

常绿灌木或小乔木。叶厚革质，长圆形、长圆状卵形至长圆状倒卵形，无毛，边缘反卷，上面暗绿色，下面白绿色。顶生总状伞房花序，总轴有稀疏的白色腺体；花梗具白色有柄腺体；花萼浅碟形，裂齿不整齐；花冠宽漏斗状钟形，变化大，淡红色或白色，内面基部有白色微柔毛，外面有稀少的白色腺体，裂片7~8片，近于圆形，顶端有缺刻；雄蕊不等长，花丝基部有白色微柔毛，花药长圆形，白色至浅褐色；子房长圆柱形，密被白色有柄腺体，花柱淡白绿色，通体有白色短柄腺体，柱头头状。蒴果长圆柱形。

【花果期】

花期4~6月，果期9~10月。

【分布】

中国数字植物标本馆分布区信息：宝兴县硗碛柳洛沟（海拔2 600 m）。

【本次调查分布】

宝兴县新寨子沟（海拔2 524 m）、宝兴县硗碛到三牛棚（海拔2 906 m）。

【生境】

生于海拔1 000~4 000 m的灌丛中或森林下。

模式标本照片

地模植物照片

100 树生杜鹃
Rhododendron dendrocharis Franchet

【形态特征】

灌木，通常附生。椭圆形叶厚革质，边缘反卷，背面密被鳞片，褐色鳞片稍不等大，相距为其直径，叶柄被鳞片和刚毛。顶生花序 1 或 2 枚，花伞形着生；花芽鳞宿存或早落，花梗密被刚毛；花萼裂片卵形，边缘有长缘毛；花冠宽漏斗状，鲜玫瑰红色，内面筒部有短柔毛，上部有深红色斑点；雄蕊 10 枚，不等长，短于花冠，花丝中部以下密被短柔毛；子房密被鳞片，花柱劲直或弯弓状，短于花冠，短于或略长于雄蕊，基部密生短柔毛。蒴果椭圆形或长圆形。

【花果期】

花期 4~6 月；果期 9~10 月。

【分布】

中国数字植物标本馆分布区信息：宝兴县邓池沟（海拔 2 750 m）；宝兴县冷木沟（海拔 2 800 m）。

【本次调查分布】

宝兴县赶羊沟（海拔 2 386 m）、宝兴县锅巴岩沟（海拔 2 746 m）。

【生境】

常附生于冷杉、铁杉或其他阔叶树上。

模式标本照片

地模植物照片

101 繁花杜鹃
Rhododendron floribundum Franchet

【形态特征】

灌木或小乔木。叶厚革质，椭圆状披针形至倒披针形，上面绿色，呈泡泡状隆起，有明显的皱纹，下面具灰白色疏松绒毛，上层毛被为星状毛，下层毛被紧贴。总状伞形花序，有花 8~12 朵，总轴被淡黄色至白色柔毛；花梗长有同样的毛；花萼具三角状的 5 齿裂，裂片外面被毛；花冠宽钟状，粉红色，筒部有深紫色斑点，5 裂，裂片近圆形，顶端有凹缺；雄蕊不等长，花丝无毛；雌蕊伸出花冠之外；子房卵球形，被白色绢状毛，花柱柱头膨大。蒴果圆柱状，被淡灰色绒毛。

【花果期】

花果期 7~8 月。

【分布】

中国数字植物标本馆分布区信息：宝兴县邓池沟黑牛沟（海拔 2 200 m）。

【本次调查分布】

宝兴县胆巴沟（海拔 2 281 m）、宝兴县锅巴岩沟（海拔 2 400 m）。

【生境】

生于海拔 1 400~2 700 m 的山坡灌木丛中。

模式标本照片

地模植物照片

102 异常杜鹃
Rhododendron heteroclitum H. P. Yang

【形态特征】

常绿直立灌木。叶聚生枝端，叶片革质，椭圆形、近圆形或有时近卵形，顶端近圆形，基部宽楔形或近圆形，边缘稍反卷，上面淡绿色，疏被脱落的糠秕状鳞片，下面密被极小、不整齐、淡黄褐色具长短不齐柄而形成2~3层的鳞片。伞形花序头状，花5~7朵密生于被疏柔毛的花序轴上；花梗疏被鳞片；萼裂片不等大，长圆状椭圆形，仅边缘被鳞片；花冠高脚碟状，淡红白色，外面疏被柔毛，无鳞片，花管短，内面至喉部密被长柔毛，裂片近圆形；雄蕊内藏，花丝无毛；子房近球形，密被鳞片，花柱短。

【花果期】

花果期5~6月。

【分布】

中国数字植物标本馆分布区信息：宝兴县打枪棚草鞋坪焦山（海拔3 850 m）。

【本次调查分布】

宝兴县三道牛棚到锅巴岩沟尾（海拔3 717 m）、宝兴县赶羊沟（海拔4 027 m）。

【生境】

生于杜鹃林缘。

模式标本照片

地模植物照片

103 黄花杜鹃
Rhododendron lutescens Franchet

【形态特征】

灌木。叶散生，叶片纸质，披针形、长圆状披针形或卵状披针形，上面疏生鳞片，下面鳞片黄色或褐色，相距为其直径的 0.5~6 倍，中脉、侧脉纤细。花 1~3 朵顶生或生枝顶叶腋；宿存的花芽鳞覆瓦状排列；花萼不发育，波状 5 裂或环状，密被鳞片，无缘毛或偶有缘毛；黄色花冠宽漏斗状，5 裂至中部，裂片长圆形，外面疏生鳞片，密被短柔毛；长雄蕊伸出花冠很长，短雄蕊花丝基部密被柔毛；子房密被鳞片，花柱细长。蒴果圆柱形。

【花果期】

花果期 3~4 月。

【分布】

中国数字植物标本馆分布区信息：宝兴县蜂桶寨（海拔 1 500 m）。

【本次调查分布】

宝兴县大水沟（海拔 1 614 m）、宝兴县锅巴岩沟（海拔 2 616 m）。

【生境】

生于杂木林湿润处或见于石灰岩山坡灌丛中，海拔 1 500~2 700 m。

模式标本照片

地模植物照片

104 光亮杜鹃
Rhododendron nitidulum Rehder & E. H. Wilson

【形态特征】

常绿小灌木，平卧或直立。叶椭圆形至卵形，上面暗绿色，有光泽，密被相邻接，薄而光亮的鳞片，下面鳞片同大，均一而光亮，淡褐色，相邻接或稍呈覆瓦状排列。花1~2朵顶生，花芽鳞在花期宿存，花梗被鳞片；花萼裂片卵圆形、长圆状卵形，常不等大，外面被鳞片，边缘有或无鳞片，常有缘毛；花冠宽漏斗状，蔷薇淡紫色至蓝紫色，花管较裂片约短一倍，外面无鳞片，内面被柔毛，裂片长圆形；雄蕊与花冠等长或稍长，花丝近基部有一簇白色柔毛；子房密被淡绿色鳞片，花柱较雄蕊长。蒴果卵珠形，密被鳞片，被包于宿存的萼内。

【花果期】

花果期5~6月，果期10~11月。

【分布】

中国数字植物标本馆分布区信息：宝兴县打枪棚（海拔3 400 m）。

【本次调查分布】

宝兴县三道牛棚到锅巴岩沟尾（海拔3 789 m）、宝兴县赶羊沟（海拔4 050 m）。

【生境】

生于高山草甸、河沿，海拔3 200~5 000 m。

模式标本照片

地模植物照片

105 山光杜鹃
Rhododendron oreodoxa Franchet

【形态特征】

常绿灌木或小乔木。叶革质，常 5~6 枚生于枝端，狭椭圆形或倒披针状椭圆形，先端钝或圆形，略有小尖头，基部钝至圆形，上面深绿色，成长后无毛，下面淡绿色至苍白色。顶生总状伞形花序，总轴有腺体及绒毛，花梗密或疏被短柄腺体；花萼边缘具 6~7 枚宽卵形至宽三角形浅齿，外面多少被有腺体；淡红色花冠钟形，有或无紫色斑点，裂片 7~8 裂，扁圆形，顶端有缺刻；雄蕊不等长，花丝基部无毛或略有白色微柔毛，花药长椭圆形，红褐色至黑褐色；子房光滑无毛，柱头小头状。蒴果长圆柱形，微弯曲。

【花果期】

花期 4~6 月；果期 8~10 月。

【分布】

中国数字植物标本馆分布区信息：宝兴县打枪棚（海拔 3 675 m）。

【本次调查分布】

宝兴县锅巴岩沟（海拔 2 972 m）、宝兴县波日沟（海拔 2 356 m）。

【生境】

生于海拔 2 100~3 650 m 的林下或杂木林和箭竹灌丛中。

模式标本照片

地模植物照片

106 绒毛杜鹃
Rhododendron pachytrichum Franchet

【形态特征】

常绿灌木。叶革质，常数枚在枝顶近于轮生，狭长圆形、倒披针形或倒卵形，边缘反卷，幼时具睫毛，上面绿色，下面淡绿色，中脉被分枝的粗毛。顶生总状花序，总轴生短柔毛，花梗密被淡黄色柔毛；花萼锐尖三角形，外面被黄褐色绒毛或无毛；花冠钟形，淡红色至白色，内面上面基部有1枚紫黑色斑块，裂片5，圆形或扁圆形，顶端钝圆或微缺刻；雄蕊10枚，花丝白色近基部有白色微柔毛，花药长椭圆形，紫黑色；子房长圆锥形，密被淡黄色绒毛，花柱无毛，柱头小。蒴果圆柱形，直或微弯曲。

【花果期】

花期 4~5 月；果期 8~9 月。

【分布】

中国数字植物标本馆分布区信息：宝兴县邓池沟（海拔 3 000 m）。

【本次调查分布】

宝兴县锅巴岩沟（海拔 3 000 m）。

【生境】

生于海拔 1 700~3 500 m 的林中。

模式标本照片

地模植物照片

107 多鳞杜鹃
Rhododendron polylepis Franchet

【形态特征】

灌木或小乔木。叶革质，长圆形或长圆状披针形，上面深绿色，幼叶密被鳞片，成长叶近于无鳞片，下面密被鳞片，鳞片无光泽，大小不等，大鳞片褐色，散生，小鳞片淡褐色，彼此邻接或覆瓦状或相距为其直径之半。伞形或短总状花序顶生；花萼裂片三角形或波状，花冠宽漏斗状，略两侧对称，淡紫红或深紫红色，内面无斑点或上方裂片有淡黄点，外面密生或散生鳞片；雄蕊伸出花冠外；子房密被鳞片，花柱伸出花冠外。蒴果长圆形或圆锥状。

【花果期】

花期4~5月；果期6~8月。

【分布】

中国数字植物标本馆分布区信息：宝兴县蜂桶寨（海拔1 750 m）。

【本次调查分布】

宝兴县锅巴岩沟（海拔2 401 m）、宝兴县菜塘沟（海拔2 572 m）。

【生境】

生于林内或灌丛，海拔1 500~3 300 m。

模式标本照片

地模植物照片

108 芒刺杜鹃
Rhododendron strigillosum Franchet

【形态特征】

常绿灌木或小乔木。革质叶长圆状披针形或倒披针形，边缘反卷，幼时具纤毛，叶背面淡绿色，有散生黄褐色粗伏毛，中脉密被褐色绒毛及腺头刚毛，叶柄密被黄褐色有分枝柔毛及腺头刚毛。顶生短总状伞形花序，花梗密被腺头刚毛；花萼外面被柔毛，边缘有纤毛；花冠管状钟形，深红色，内面基部有黑红色斑块，裂片5，圆形或扁圆形，顶端有缺刻；雄蕊10枚，不等长，花药长圆状椭圆形，紫褐色至黑色；子房卵圆形，密被淡紫色腺头粗毛，花柱柱头头状。蒴果圆柱形，有肋纹及棕色刚毛。

【花果期】

花期4~6月；果期9~10月。

【分布】

中国数字植物标本馆分布区信息：宝兴邓池沟林中（海拔2 900 m）。

【本次调查分布】

宝兴县大水沟（海拔1 614 m）、宝兴县锅巴岩沟（海拔2 972 m）。

【生境】

生于海拔1 600~3 500 m的岩石边或冷杉林中。

模式标本照片

地模植物照片

109 毛叶珍珠花
Lyonia villosa var. *pubescens* （Franchet） Judd

【形态特征】

灌木或小乔木。叶纸质或近革质，卵形或倒卵形，基部阔楔形、近圆形、浅心形，表面深绿色，叶脉上密被短柔毛，背面淡绿色，被灰褐色长柔毛，脉上通常较多。总状花序腋生，花序轴密被黄褐色柔毛；花梗长密被柔毛；花萼5裂，裂片长圆形或三角状卵形，顶端钝圆至锐尖，外面疏生柔毛及腺毛；花冠圆筒状至坛状，外面疏被柔毛，顶端浅5裂；雄蕊花丝被长柔毛，顶端无芒状附属物；近球形子房有毛，柱头细小。蒴果近球形，微被柔毛。

【花果期】

花期6~8月；果期9~10月。

【分布】

中国数字植物标本馆分布区信息：宝兴县赶羊沟石窖头（海拔2 750 m）。

【本次调查分布】

宝兴县三道牛棚到锅巴岩沟尾（海拔3 717 m）、宝兴县硗碛到三牛棚（海拔2 906 m）。

【生境】

生于海拔2 000~3 800 m的灌丛中。

模式标本照片

地模植物照片

110 宝兴越桔
Vaccinium moupinense Franchet

【形态特征】

常绿灌木，附生。叶片革质，椭圆形、倒卵状椭圆形或倒卵状长圆形，边缘反卷，上部有极不明显的浅钝齿，仅沿中脉被微毛，背面榄绿色，无毛。总状花序顶生和枝顶叶腋生；苞片宽卵形，小苞片线形；花梗萼筒无毛，萼齿宽三角形；坛状花冠鲜紫红色，檐部裂片短小；雄蕊比花冠短，被疏柔毛，药室背部有 2 伸展的距，药管与药室近等长。浆果球形。

【花果期】

花期 5~6 月，果期 7~10 月。

【分布】

中国数字植物标本馆分布区信息：宝兴县邓池沟小沟头（海拔 2 000 m）。

【本次调查分布】

宝兴县锅巴岩沟（海拔 2 365 m）、宝兴县菜塘沟（海拔 2 572 m）。

【生境】

附生于枥树、铁杉树干上，海拔 900~2 600 m。

模式标本照片

地模植物照片

111 紫花杜鹃
Rhododendron amesiae Rehder & E. H. Wilson

【形态特征】

灌木，幼枝密被腺体状鳞片。叶卵形、卵状椭圆形或椭圆状长圆形，叶背面淡绿色，密被鳞片，鳞片不等大，黄褐色或褐色，相距为其直径或直径之半；叶柄被鳞片和刚毛。花序 2~5 枚，花顶生短总状，花梗被鳞片，花萼裂片圆或三角形，密被鳞片，有或无缘毛；花冠宽漏斗状，紫色或深红紫色，上方裂片内面有暗红色斑点，外面疏生鳞片，无毛或花冠筒部有柔毛；雄蕊不等长，伸出花冠外，花丝下部被短柔毛，子房密被鳞片，花柱细长。蒴果长圆形。

【花果期】

花 期 5~6 月， 果 期 9~10 月。

【本次调查分布】

FTZT00383，宝兴县空石林景区（海拔 2 133m）；FTZT00595，宝兴县赶羊沟（海拔 2 120 m）；FTZT00595，宝兴县赶羊沟（海拔 2 111 m）。

【生境】

生于林内，海拔 2 200~3 000 m。

模式标本照片

地模植物照片

112 腺果杜鹃
Rhododendron davidii Franchet

【形态特征】

常绿灌木或小乔木。顶生冬芽卵形；叶厚革质，常集生枝顶，长圆状倒披针形或倒披针形，边缘反卷，上面深绿色，下面苍白色，无毛。顶生伸长的总状花序，总轴疏生短柄腺体及白色微柔毛，花梗红色，密被短柄腺体，花萼外面具短柄腺体，裂片 6，齿状或宽圆形；花冠阔钟形，玫瑰红色或紫红色，有时外面略具腺体，裂片 7~8，卵形至圆形，有微缺刻，上面 1 片最大，有紫色斑点；雄蕊不等长，花丝白色；子房圆锥形，密被短柄腺体，花柱白色或带红色，无毛或在基部有少数短柄腺体，柱头头状。蒴果短圆柱形。

【花果期】

花期 4~5 月，果期 7~8 月。

【本次调查分布】

FTZT00379，宝兴县空石林景区（海拔 2 237 m）。

【生境】

生于海拔 1 750~2 360 m 的森林中。

模式标本照片

地模植物照片

113 宝兴杜鹃
Rhododendron moupinense Franchet

【形态特征】

　　灌木，有时附生。幼枝密被褐色刚毛，老枝无毛。叶聚生枝条上部，叶片革质，长圆状椭圆形或卵状椭圆形，边缘通常反卷，具缘毛，叶背略灰白色，密被褐色鳞片，鳞片小，略不等大，相距为其直径或相互邻接。花序顶生，1~2 花伞形着生；花梗被鳞片，被短柔毛或刚毛；花萼裂片长圆形或卵圆形，下部连合，外面被鳞片，具缘毛；花冠宽漏斗状，白色或带淡红色，内有红色斑点，外面洁净；雄蕊 10 枚，短于花冠，花丝下部有开展的白色柔毛；子房密被鳞片，花柱伸出，略长于花冠。蒴果卵形，被宿存萼。

【花果期】

　　花期 4~5 月，果期 7~10 月。

【分布】

　　CVH 分布区信息：宝兴县邓池沟（海拔 2 100 m）。

【本次调查分布】

　　FTZT00333，宝兴县黄店子沟（海拔 2 209 m）；FTZT00391，宝兴县空石林景区（海拔 2 074 m）。

【生境】

　　通常附生于林中树上，或生于岩石上，海拔 1 900~2 000 m。

模式标本照片

地模植物照片

114 团叶杜鹃
Rhododendron orbiculare Decaisne

【形态特征】

常绿灌木，稀小乔木。叶厚革质，常 3~5 枚在枝顶近于轮生，阔卵形至圆形，先端钝圆有小突尖头，基部心状耳形，耳片常互相叠盖，上面深绿色，下面淡绿色至灰白色。顶生伞房花序疏松，总轴多少具腺体；花萼有腺体，基部略膨胀，边缘波状；花冠钟形，红蔷薇色，裂片7，宽卵形，顶端有浅缺刻；雄蕊不等长，花丝白色无毛，花药椭圆形，子房柱状圆锥形，淡红色，密被白色短柄腺体，花柱淡红色，无毛，柱头头状。蒴果圆柱形弯曲。

【花果期】

花期 5~6 月，果期 8~10 月。

【分布】

CVH 分布区信息：宝兴县邓池沟（海拔 3 275 m）；宝兴县冷木沟（海拔 2 700 m）。

【本次调查分布】

FTZT01030，宝兴县赶羊沟（海拔 2 120 m）；FTZT01325，宝兴县新寨子沟（海拔 3 456 m）。

【生境】

生于海拔 1 400~3 500（~4 000）m 的岩石上或针叶林下。

模式标本照片

地模植物照片

115 水仙杜鹃
Rhododendron sargentianum Rehder & E.H.Wilson

【形态特征】

常绿小灌木。分枝密被平伏及长柄鳞片。叶革质，椭圆形、宽椭圆形或卵形，顶端有小突尖，基部宽楔形至圆形，边缘反卷，背面密被具不等长柄的鳞片，常重叠排成3层，最下层鳞片金黄色。头状花序顶生，排列疏松；花梗密被鳞片；花萼5裂，裂片长圆形至倒卵形，外面被鳞片，边缘被长缘毛；花冠狭管状，淡黄色，花管较裂片长，其外面和裂片基部被明显的鳞片，内面密被柔毛；雄蕊不等长，内藏于花管，花丝光滑；子房卵圆形，密被鳞片，花柱与子房等长或稍短。蒴果卵圆形，疏生鳞片，被包于宿存的花萼内。

【花果期】

花期5~7月，果期10月。

【本次调查分布】

FTZT01198，宝兴县赶羊沟（海拔2 910 m）。

【生境】

生于高山崖坡和峭壁陡岩上，海拔3 000~4 300 m。

模式标本照片

地模植物照片

116 反边杜鹃
Rhododendron thayerianum Rehder & E.H.Wilson

【形态特征】

常绿灌木。叶常 12~20 枚密生于枝顶，革质，窄倒披针形，边缘向下卷，上面深绿色，幼时有毛，以后无毛而有光泽，下面有淡褐色或淡棕色的毛被及短柄腺体。顶生总状伞形花序，有花 10~20 朵，总轴密被腺体；花萼 5 裂，裂片卵形，外面密生腺体，内面光滑；花冠漏斗状，白色或粉红色，5 裂，裂片圆形；雄蕊 10 枚，花丝基部有开展的柔毛；子房圆柱状锥形，密被腺体，花柱被腺体直达顶端，柱头膨大。蒴果圆柱状，微弯曲。

【花果期】

花 期 5~6 月，果 期 8~10 月。

【本次调查分布】

FTZT00017，宝兴县崇兴村（海拔 1 761m）；FTZT01203，宝兴县赶羊沟（海拔 2 030 m）。

【生境】

生于海拔 2 600~3 000 m 的山坡灌木林中。

模式标本照片

地模植物照片

报春花科　　Primulaceae

117　宝兴报春
Primula moupinensis Franchet

【形态特征】

多年生草本。开花期叶丛基部有少数鳞片。叶矩圆状倒卵形至倒卵形，边缘具不整齐的锐尖牙齿，无粉或有时下面微被黄粉，叶柄极短或长达叶片的1/2。伞形花序，花梗被小腺体或微被粉；花萼钟状，被粉质腺体或淡黄色粉，果期稍增大成杯状，分裂达中部，裂片卵形至三角形，先端锐尖或钝；花冠淡蓝色与淡玫瑰红色，冠筒裂片阔倒卵形，先端具深凹缺；长花柱花：雄蕊近冠筒中部着生，花柱微高出筒口；短花柱花：雄蕊着生于冠筒上部，花药微露出筒口，花柱稍短于花萼。蒴果近球形。

【花果期】

花期4月，果期5月。

【分布】

中国数字植物标本馆分布区信息：宝兴县硗碛和平沟（海拔2 820 m）。

【本次调查分布】

宝兴县锅巴岩沟（海拔2 609 m）、宝兴县德胜沟（海拔2 023 m）。

【生境】

生长于阴湿的沟谷和林下，海拔2 000~3 000 m。

模式标本照片

地模植物照片

118 宝兴掌叶报春
Primula heucherifolia Franchet

【形态特征】

多年生草本。根状茎细长横卧。叶片轮廓近圆形，边缘掌状 7~11 裂，裂片甚浅，呈圆齿状或深达叶片半径的 2/5，先端圆钝，边缘具不规则的钝齿，叶背沿叶脉被开展的长柔毛，侧脉 3 对，下面的 1~2 对基出。伞形花序顶生，花梗被短柔毛，花萼钟状，外面被短柔毛或有少数较长的毛，分裂达全长的 1/2~2/3，裂片披针形至三角状卵形，具明显的中肋和 2 条较纤细的纵脉；花冠紫红色，先端具深凹缺；长花柱花：雄蕊靠近冠筒基部，花柱略高出冠筒口；短花柱花：雄蕊靠近冠筒口。蒴果近球形，短于花萼。

【花果期】

花期 6 月。

【分布】

中国数字植物标本馆分布区信息：宝兴县邓池沟（海拔 3 500 m）、宝兴县冷木沟（海拔 2 800 m）。

【本次调查分布】

宝兴县硗碛到三牛棚（海拔 2 940 m）、宝兴县锅巴岩沟尾（海拔 3 363 m）。

【生境】

生于山坡草地阴湿处和岩石上，有时亦生于林下，海拔 2 500~3 500 m。

模式标本照片

地模植物照片

119 迎阳报春
Primula oreodoxa Franchet

【形态特征】

多年生草本。叶矩圆形或卵状椭圆形，边缘浅裂成 9~11 阔三角形或近圆形裂片，裂片边缘具不整齐的三角形牙齿，两面沿叶脉被白色多细胞柔毛；叶柄具狭翅，基部稍增宽，被白色多细胞柔毛。伞形花序有时出现第二轮花序；花梗被多细胞柔毛；花萼阔钟状，果时增大，裂片阔卵形，先端常具小齿；花冠桃红色，冠筒喉部具环状附属物，裂片倒卵形，先端具深凹缺；长花柱花：雄蕊着生处距冠筒，花柱长达冠筒口；短花柱花：雄蕊着生于冠筒上部，花药微露出筒口。蒴果球形，短于宿存花萼。

【花果期】

花果期 4~5 月。

【分布】

中国数字植物标本馆分布区信息：宝兴县打枪棚草鞋坪焦山（海拔 3 850 m）。

【本次调查分布】

宝兴县紫云村（海拔 1 452 m）。

【生境】

生于林下及溪边，海拔 1 200~2 500 m。

模式标本照片

地模植物照片

120 卵叶报春
Primula ovalifolia Franchet

【形态特征】

多年生草本。全株无粉，花期有鳞片。叶阔椭圆形或矩圆状椭圆形至阔倒卵形，有时近圆形，边缘具不明显的小圆齿或具胼胝质尖头的小牙齿，干时坚纸质至近革质，叶背面沿中肋和侧脉被多细胞柔毛；叶密被多细胞柔毛，长约为叶片的1/3。伞形花序，花葶被柔毛；花萼钟状，外面被微柔毛，裂片卵形至卵状披针形；花冠紫色或蓝紫色，喉部具环状附属物，裂片倒卵形，先端具深凹缺；长花柱花：冠筒略长于花萼或与花萼等长，雄蕊着生于冠筒中部，花柱与冠筒等长或微伸出筒口；短花柱花：冠筒约长于花萼0.5倍，雄蕊近冠筒口着生。蒴果球形。

【花果期】

花期3~4月，果期5~6月。

【分布】

中国数字植物标本馆分布区信息：宝兴县若壁村大坪山（海拔1 700 m）。

【本次调查分布】

宝兴县大水沟（海拔1 614 m）、宝兴县德胜沟（海拔2 023 m）。

【生境】

生长于林下和山谷阴处，海拔600~2 500 m。

模式标本照片

地模植物照片

121 糙毛报春
Primula blinii H. Léveillé

【形态特征】

多年生草本。叶片阔卵圆形至矩圆形，边缘具缺刻状深齿或羽状浅裂以至近羽状全裂，上面被小伏毛，呈粗糙状，下面通常被白粉，稀被黄粉或无粉；叶柄与叶片近等长至长于叶片1~2倍。伞形花序，花梗多少被粉；花萼钟状或狭钟状，被白粉或淡黄粉，分裂稍超过中部或深达全长的2/3，裂片披针形；花冠淡紫红色，稀白色，喉部无环或有时具环，裂片倒卵形，先端深2裂；长花柱花：雄蕊距冠筒基部约2 mm着生，花柱长约达冠筒口；短花柱花：雄蕊着生处接近冠筒口。蒴果短于花萼。

【花果期】

花期6~7月，果期8月。

【分布】

中国数字植物标本馆分布区信息：宝兴县赶羊沟（海拔3 200 m）。

【本次调查分布】

宝兴县锅巴岩沟尾（海拔3 694 m）。

【生境】

生长于向阳的草坡、林缘和高山栋林下，海拔3 000~4 500 m。

模式标本照片

地模植物照片

122 滋圃报春
Primula soongii F. H. Chen & C. M. Hu

【形态特征】

多年生粗壮草本。全株无粉。叶丛基部无鳞片包叠，叶柄散开。叶片矩圆形至倒披针形，基部渐狭窄，边缘具啮蚀状锐尖牙齿，上面深绿色，下面淡绿色，两面均有褐色小点，叶柄具宽翅。伞形花序；苞片自三角形的基部渐尖成钻形；花萼筒状，分裂达中部或略过之，裂片矩圆形或披针形；花冠淡黄色，裂片卵圆形至近圆形，先端圆形，有时具红色斑纹；长花柱花：冠筒与花萼等长，雄蕊着生于冠筒中部，花柱长达冠筒口；短花柱花：冠筒稍长于花萼，雄蕊着生于冠筒上部，花药顶端接近筒口，花柱长达冠筒中部。

【花果期】

花期7月，果期9月。

【分布】

中国数字植物标本馆分布区信息：宝兴县焦山草坪（海拔4 000 m）。

【本次调查分布】

宝兴县锅巴岩沟尾（海拔3 655 m）。

【生境】

生长于林下、岩畔和草地中，海拔3 200~4 000 m。

模式标本照片

地模植物照片

123 宝兴黄花报春
Primula luteoflora X. F. Gao & W. B. Ju

【本次调查分布】
宝兴县蜂桶寨自然保护区。

【生境】
生长于林下和山谷阴处。

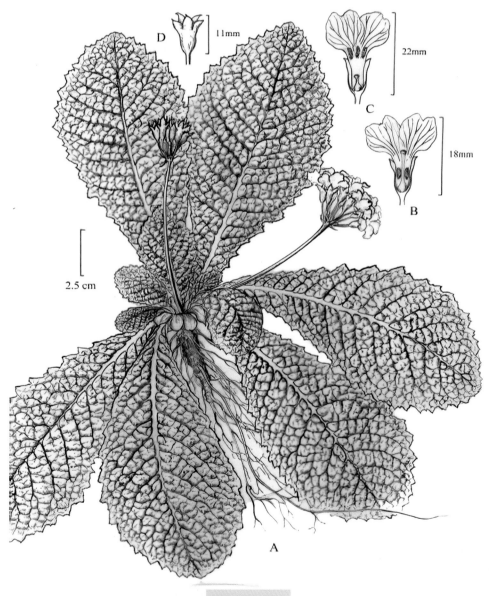

模式标本照片

地模植物照片

124 宝兴过路黄
Lysimachia baoxingensis （F.H.Chen & C.M.Hu） C.M.Hu

【形态特征】

多年生草本。茎钝四棱形，被铁锈色多细胞柔毛，不分枝或有少数腋生的短枝。叶对生，在茎中部以上常互生，上部叶卵状披针形至披针形，两面密被小糙伏毛，在下面稍隆起。花单生于茎中部和上部叶腋；花梗密被铁锈色柔毛，果时常扭曲下弯；花萼分裂近达基部，裂片披针形，背面疏被褐色柔毛，沿中肋隆起成鸡冠状宽约 0.5 mm 的翅；花冠黄色，裂片椭圆状披针形，先端锐尖，具褐色腺条；花丝下部合生成高约 2 mm 的筒，分离部分长 2.5~3.5 mm；子房卵珠形。蒴果褐色。

【花果期】

花期 6 月，果期 8~9 月。

【分布】

中国数字植物标本馆分布区信息：宝兴县邓池沟（海拔 1 400 m）。

【本次调查分布】

宝兴县邓池沟（海拔 1 400 m）。

【生境】

生于山坡草地和路边，海拔 1 300~2 000 m。

模式标本照片

地模植物照片

125 阔瓣珍珠菜
Lysimachia platypetala Franchet

【形态特征】

多年生草本。圆柱形茎直立，通常中部以上分枝。叶互生，在茎下部有时对生，叶片披针形，边缘微呈皱波状，上面绿色，下面粉绿色，均匀密布红褐色细小腺点。总状花序顶生；苞片钻形，与花梗近等长或较短；花梗密被褐色无柄腺体；花萼分裂近达基部，裂片披针形，先端微反曲，背面有黑色短腺条；花冠白色或淡红色，阔钟形，基部合生部分长约 2 mm，裂片近圆形，基部具爪，中部有时有 2 条暗紫色短腺条，裂片间弯缺圆形；雄蕊显著伸出花冠外，花丝贴生于花冠裂片的基部，分离部分长 3~4 mm；花药椭圆形；子房无毛，花柱细长。蒴果球形。

【花果期】

花期 6~7 月，果期 7~8 月。

【分布】

中国数字植物标本馆分布区信息：宝兴县（海拔 1 750 m）。

【本次调查分布】

宝兴县邓池沟（海拔 1 742 m）、宝兴县蜂桶寨（海拔 1 819 m）。

【生境】

生于山谷溪边和林缘，海拔 2 000~2 500 m。

模式标本照片

地模植物照片

126 大叶宝兴报春
Primula davidii Franchet

【形态特征】

多年生草本。全株无粉。叶丛基部具少数黄褐色卵状披针形鳞片。叶矩圆形至倒卵状矩圆形，边缘具啮蚀状锐尖牙齿，干后近革质，上面多少呈泡状隆起，无毛或中肋基部被少数短硬毛，下面侧脉及网脉隆起，多少呈蜂窝状，沿中肋被开展的褐色粗硬毛；叶柄通常甚短，分化不明显。伞形花序 2~10 花，花葶被铁锈色毛；苞片披针形，花梗疏被短硬毛；花萼钟状，被微柔毛，微具 5 脉，分裂近达中部，裂片卵形或卵状三角形；花冠紫蓝色，冠筒喉部无环状附属物，冠檐裂片阔倒卵形，先端圆形，具 1 小凹缺。

【花果期】

花期 4 月。

【分布】

CVH 分布区信息：宝兴县岩壁村大坪山（海拔 1 700 m）。

【本次调查分布】

FTZT01246，芦山县双石镇大岩腔（海拔 1 075 m）。

【生境】

生于岩石壁上。

模式标本照片

地模植物照片

| 马钱科 | Loganiaceae |

127 大叶醉鱼草
Buddleja davidii Franchet

【形态特征】

多灌木。小枝略呈四棱形；幼枝、叶片下面、叶柄和花序均密被灰白色星状短绒毛。叶片膜质至薄纸质，狭卵形、狭椭圆形至卵状披针形，稀宽卵形，边缘具细锯齿。顶生总状或圆锥状聚伞花序；花萼钟状，花萼裂片披针形膜质；花冠淡紫色，喉部橙黄色，花冠管细长，内面被星状短柔毛，花冠裂片近圆形，边缘全缘或具不整齐的齿；雄蕊着生于花冠管内壁中部；子房卵形，花柱圆柱形。蒴果狭椭圆形或狭卵形。

【花果期】

花期5~10月，果期9~12月。

【分布】

中国数字植物标本馆分布区信息：宝兴县赶羊沟（海拔1 520 m）。

【本次调查分布】

宝兴县赶羊沟贵强湾沟口（海拔2 120 m）、宝兴县菜塘沟（海拔2 844 m）。

【生境】

生海拔800~3 000 m山坡、沟边灌木丛中。

模式标本照片

地模植物照片

龙胆科 Gentianaceae

128 丝萼龙胆
Gentiana filisepala T. N. Ho

【形态特征】

一年生草本。茎紫红色或黄绿色，在基部多分枝。叶先端钝圆或钝，边缘仅基部具短睫毛；基生叶大，在花期枯萎，宿存，卵圆形或匙形；茎生叶卵形。花单生于小枝顶端；花梗紫红色或黄绿色；花萼漏斗形，萼筒外面具深紫色短而细的条纹，裂片丝状，中脉深紫色，在背面突起，并向萼筒下延成脊；花冠淡紫红色，具多数黑紫色短而细的条纹，裂片卵形，先端钝，褶宽矩圆形，先端啮蚀状；雄蕊着生于冠筒中部；子房狭矩圆形，先端钝，基部渐狭，花柱线形，柱头外反，裂片线形。蒴果内藏，具宽翅，两侧边缘具狭翅。

【花果期】

花果期 6~8 月。

【分布】

中国数字植物标本馆分布区信息：宝兴县打枪棚（海拔 3 300 m）。

【本次调查分布】

宝兴县三道牛棚到锅巴岩沟尾（海拔 3 630 m）。

【生境】

生于山坡及路旁。

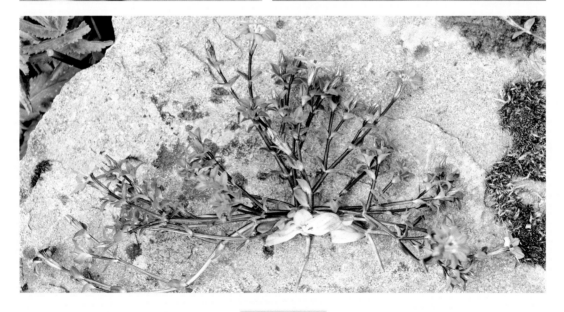

地模植物照片

129 硬毛龙胆
Gentiana hirsuta Ma & E. W. Ma ex T. N. Ho

【形态特征】

一年生草本。光滑茎紫红色，自基部起作多次二歧分枝。叶先端钝或急尖，基部圆形，边缘及两面疏生光亮的长硬毛，叶柄背面具紫红色硬毛，连合成长 1.5~2 mm 的筒；基生叶较大，在花期枯萎，宿存，卵形或卵圆形；茎生叶卵状三角形。花多数，单生于小枝顶端；花梗紫红色，花萼倒锥状筒形，萼筒外面疏生紫红色短硬毛，裂片狭椭圆形，边缘及两面疏生光亮的长硬毛；漏斗形花冠淡紫蓝色，喉部具黑紫色花纹，裂片卵形，边缘有极细锯齿；雄蕊着生于冠筒上部；子房椭圆形，花柱线形。蒴果内藏，矩圆状匙形，两侧边缘具狭翅，基部渐狭。

【花果期】

花果期 8 月。

【分布】

CVH 分布区信息：宝兴县赶羊沟桂墙湾（海拔 2 900 m）。

【本次调查分布】

FTZT01195，宝兴县赶羊沟桂墙（海拔 2 910 m）。

【生境】

生于山坡草地，海拔 2 900 m。

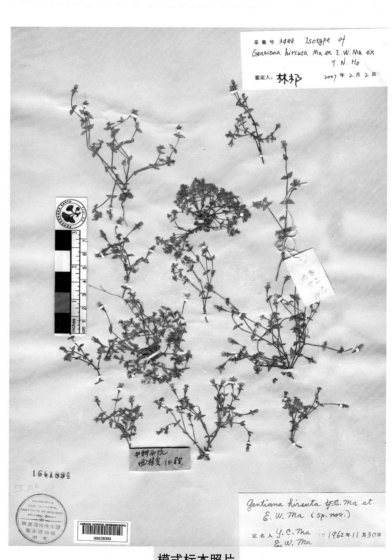

模式标本照片

地模植物照片

<table>
<tr><td>萝藦科</td><td>Asclepiadaceae</td></tr>
</table>

130 宝兴吊灯花
Ceropegia paohsingensis Tsiang & P. T. Li

【形态特征】

多年生草本，茎缠绕。叶近肉质或膜质，卵形或卵状长圆形。聚伞花序 1~2 腋生；花萼除裂片略有缘毛外，其余无毛，裂片披针形；花冠近漏斗状，白绿色及白紫红色斑点，花冠筒基部偏肿，裂片舌状，直立，顶端粘合如伞状；副花冠着生于合蕊冠的基部，钟状，共有 2 轮，外轮小裂片的顶端有 2 个小锯齿，具疏柔毛，内轮有 5 条伸长的舌状片，舌状片高出于合蕊柱；雄蕊顶端的膜片不发育；花粉块每室 1 个，长圆形。

【花果期】

花期 4~8 月。

【分布】

本次调查分布：宝兴县青山沟（海拔 1 649 m）。

【本次调查分布】

宝兴县锅巴岩沟（海拔 2 609 m）、宝兴县德胜沟（海拔 2 023 m）。

【生境】

生长于海拔 300~900 m 的山谷中。

模式标本照片

地模植物照片

131 宝兴藤
Biondia pilosa Tsiang & P. T. Li

【形态特征】

缠绕藤本。茎、枝条、叶柄和花序梗均被单列短柔毛。叶薄纸质，线形至线状披针形。聚伞花序伞形状，1~2 歧，单生至 2~3 枝丛生，每花序着花 4~6 朵；花萼 5 深裂，裂片披针形，外面被短柔毛，基部有 5 个腺体；花冠近钟状，内面被短柔毛，裂片长圆形；副花冠环状，着生于合蕊冠基部，顶端截平或略波状；花药顶端的圆形膜片内弯向柱头；下垂花粉块每室 1 个，长圆形；子房无毛，柱头盘状五角形。

【花果期】

花期 6 月。

【分布】

中国数字植物标本馆分布区信息：宝兴县灯笼沟（海拔 2 570 m）。

【本次调查分布】

宝兴县邓池沟（海拔 1 753 m）。

【生境】

生长于山地林中或河边杂木林中。

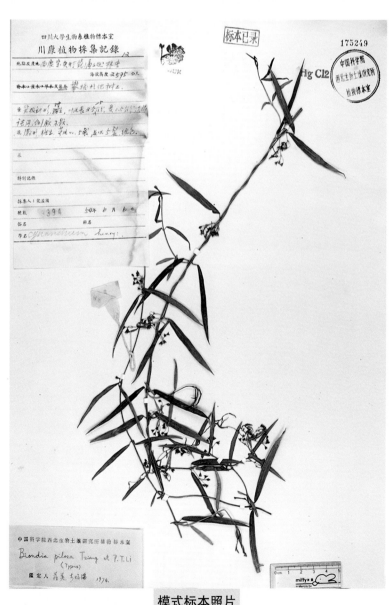

模式标本照片

地模植物照片

132 海枫屯
Marsdenia officinalis Tsiang & P. T. Li

【形态特征】

攀援灌木。茎被黄色绒毛。叶纸质，卵圆形或卵圆状长圆形，叶面被微毛，叶背被黄色绒毛。聚伞花序伞形状，腋生于侧枝的近端处；花序梗、花梗及花萼被黄色绒毛；花萼裂片双盖覆瓦状排列，花萼内面基部有 10 个腺体；花冠近钟状，花冠筒内面被倒生柔毛，裂片内面被绒毛；副花冠裂片与花药几等长；花粉块每室 1 个，直立长圆形；柱头基部膨大。蓇葖近纺锤形，外果皮无毛，干时呈暗褐色。

【花果期】

花 期 7~8 月，果 期 8~11 月。

【分布】

CVH 分布区信息：宝兴县中岗途中（海拔 2 150 m）。

【本次调查分布】

FTZT01159，宝兴县中岗村（海拔 1 819 m）。

【生境】

生长于山地林中岩石上及攀援树上。

模式标本照片

地模植物照片

紫草科　　Boraginaceae

133　短蕊车前紫草
Sinojohnstonia moupinensis（Franchet）W.T.Wang

【形态特征】

多年生草本。平卧或斜升茎数条，有疏短伏毛。基生叶数个，卵状心形，两面有糙伏毛和短伏毛，先端短渐尖，茎生叶等距排列。花序密生短伏毛；花萼 5 裂至基部，裂片披针形，背面有密短伏毛，腹面稍有毛；花冠白色或带紫色，筒部比萼短，檐部比筒部长一倍，裂片倒卵形；内藏雄蕊着生于花冠筒中部稍上，喉部附属物半圆形。子房 4 裂，柱头微小头状。小坚果，腹面有短毛，黑褐色，碗状突起的边缘淡红褐色。

【花果期】

花果期 4~7 月。

【分布】

中国数字植物标本馆分布区信息：宝兴县蒲溪沟（海拔 2 350 m）。

【本次调查分布】

宝兴县大水沟（海拔 1 900 m）。

【生境】

生林下或阴湿岩石旁。

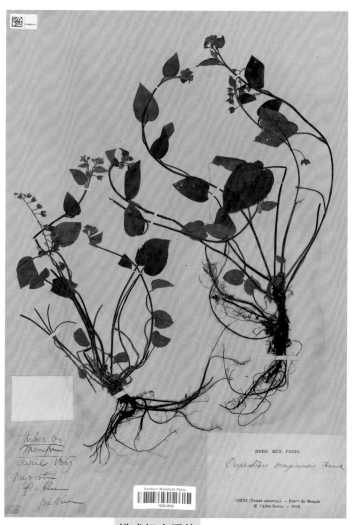

模式标本照片

地模植物照片

唇形科　Primulaceae

134　宝兴冠唇花
Microtoena moupinensis（Franchet）Prain

【形态特征】

　　多年生草本。四棱形茎高 0.6~1 m，被刚毛及混生的短腺毛。茎叶卵状心形或三角状卵圆形，先端短尾状渐尖，基部心形，稀截状阔楔形，叶上面被短伏毛，下面脉上被较密的污黄色伏贴小刚毛。顶生聚伞花序组成圆锥花序，或为单个腋生的聚伞花序；苞片线形，密被污黄色平展小刚毛及混生短腺毛；花萼花时钟形，齿三角状钻形，后 1 齿长，前 4 齿稍短。花冠浅黄色或白色，冠檐二唇形，上唇盔状，顶部平伸，前面微凹，基部斜的截形，椭圆形下唇与其近等长，先端 3 裂，中裂片长圆形，侧裂片三角形。雄蕊包于盔内，花柱丝状；小坚果倒卵圆状三棱形。

【花果期】

　　花期 8~9 月，果期 9 月以后。

【分布】

　　中国数字植物标本馆分布区信息：宝兴县邓池沟（海拔 1 500 m）。

【本次调查分布】

　　宝兴县黄店子沟（海拔 2 166 m）、宝兴县扑鸡沟（海拔 1 938 m）。

【生境】

　　生于草地上及林缘，海拔 1 570 ~ 2 200 m。

模式标本照片

地模植物照片

135 宝兴鼠尾草
Salvia paohsingensis C. Y. Wu

【形态特征】

多年生草本。茎不分枝，被卷曲长柔毛，钝四棱形；叶有基出叶及茎生叶，叶片均三角状卵圆形，边缘具锯齿状圆齿或重锯齿状圆齿，近膜质，上面疏被近平伏的粗伏毛，下面主要沿脉上被卷曲长柔毛，后均渐脱落；叶柄渐向上变短，至近无柄。轮伞花序组成总状花序或近圆锥状；苞片披针状卵圆形或卵圆形；花梗与序轴密被长柔毛及具腺小疏柔毛。花萼钟形，二唇形，上唇近半圆形，下唇较上唇稍长，半裂成2齿。花冠紫色，下唇具白斑，内面具柔毛毛环，冠筒伸出萼外，冠檐二唇形，上唇近圆形，下唇3裂。能育雄蕊伸向上唇，药隔上臂与下臂近等长。花柱稍伸出花冠外，先端极不相等2浅裂。

【花果期】

花期7月。

【本次调查分布】

FTZT01196，宝兴县赶羊沟（海拔2 910 m）；FTZT01302，宝兴县赶羊沟（海拔2 903 m）。

【生境】

生于林下，海拔2 800 m。

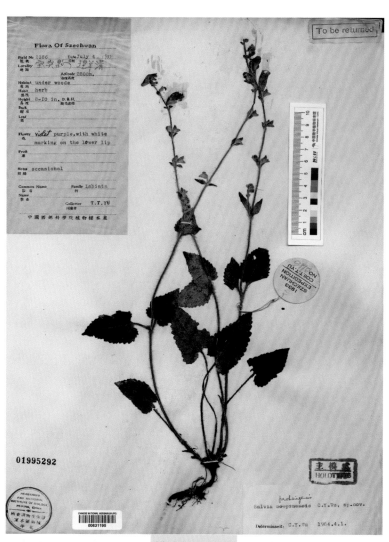

模式标本照片

地模植物照片

136　宝兴糙苏
Phlomis paohsingensis C. Y. Wu

【形态特征】

多年生草本。具木质的粗根。茎四棱形，上部被向下的短硬毛。茎生叶心形至阔卵圆形，边缘靠近基部牙齿状，基部以上为深圆齿状或牙齿状，苞叶卵状长圆形至披针形，边缘为牙齿状，叶片被平展的刺毛，下面被星状疏柔毛。轮伞花序多花，生于主茎及侧枝顶部，苞片钻形；花萼管状，外面脉上被具节刚毛，齿半圆形，先端具长约2 mm的小刺尖；花冠浅紫色，其下唇褐色带深紫色斑点，冠筒外面在背面上部被绢状疏柔毛，内面具斜向间断小疏柔毛毛环，冠檐二唇形，上唇外面密被绢状疏柔毛，边缘具流苏状小齿，内面被长髯毛，下唇外面除边缘外被绢状疏柔毛，3圆裂。雄蕊内藏，花丝具长毛，后对花丝在毛环上较远处有钩状反折的长距状附属器。花柱先端极不等的2短裂。小坚果无毛。

【花果期】

花期7月。

【分布】

CVH分布区信息：宝兴县赶羊沟（海拔3 100 m）。

【本次调查分布】

FTZT01166，宝兴县扑鸡沟（海拔2 021 m）；FTZT01321，宝兴县若壁沟（海拔1 938 m）。

【生境】

生于山坡灌丛中，海拔3 100 m。

模式标本照片

地模植物照片

玄参科　　Scrophulariaceae

137 三角齿马先蒿
Pedicularis triangularidens P. C. Tsoong

【形态特征】

一年生草本。基生叶柄基部多少膨大膜质；片形状卵状长圆形、长圆形至线状长圆形，但在低矮的植株和茎的中部分枝上者为卵形甚至卵状亚心脏形，缘边羽状浅裂达 1/3~1/2，顶宽阔而有细重锯齿，上面疏被压平之毛。花序多成顶生密集的头状或稍伸长的穗状花序；苞片下部者叶状，上部者为菱状披针形，多少有白色长毛；萼齿 5 枚，后方一枚三角形锐头，后侧方两枚宽三角状卵形；花冠淡紫红色，管在基部以上以直角或近乎直角向前作膝屈，盔几伸直，指向前上方，顶仅在转角处稍圆钝而额部则平截，与下缘顶端汇合成一不很凸出的小尖。蒴果三角状披针形。

【花果期】

花期 5~7 月，果期 8~9 月。

【分布】

中国数字植物标本馆分布区信息：宝兴县邓池沟（海拔 3 300 m）。

【本次调查分布】

宝兴县硗碛到三牛棚（海拔 2 906 m）、宝兴县三道牛棚到锅巴岩沟尾（海拔 3 685 m）。

【生境】

生于海拔 2 640~3 810 m 的树林及草坝中。

模式标本照片

地模植物照片

138 穆坪马先蒿
Pedicularis moupinensis Franchet

【形态特征】

多年生草本。茎单一或数条，内生成行之毛。叶基出者颇大，有长柄，茎叶之柄较短或几无柄；叶片薄而膜质，披针形至长圆状披针形，除近端处为羽状深裂而叶轴有狭翅外，均为羽状全裂，且因羽片叶状有小柄而极象羽状复叶，羽片线状披针形至长圆状披针形，茎叶披针状椭圆形。花序花轮多少疏远；苞片均叶状；花萼钟形，有 5 枚短齿，齿狭三角形；花冠紫色，管较萼长，下唇有缘毛，盔直立部分约与管等长，上端突然以直角转向前方而成地平方向，再向前伸长而为上翘之喙，等于含有雄蕊的部分 1 倍有余；雄蕊着生处及下部均有毛。蒴果卵状披针形，略作镰状弓曲。

【花果期】

花期 8 月。

【本次调查分布】

宝兴县赶羊沟（海拔 2780 m）。

【生境】

生于林下。

模式标本照片

地模植物照片

列当科　　Orobanchaceae

139　宝兴蘸寄生
Gleadovia mupinense H. H. Hu

【形态特征】

较高大的肉质草本。叶长圆状披针形或披针形，茎上部的渐变狭，连同苞片和小苞片一起。花常3至数朵生于茎的上部，排列成近伞房花序；花梗不等长，苞片着生于花梗的基部，长圆形或长卵形小苞片2枚，着生于花梗的近中部或中部以上，线形或线状披针形。花萼筒状，向上仅稍稍扩大，顶端5浅裂，裂片稍不等大，长圆状三角形。花冠淡紫色或淡紫红色，稀白色，筒部与花萼近等长；上唇2浅裂，裂片卵形，下唇短于上唇，3裂，裂片狭长圆形，裂片两面均被黄褐色长柔毛。雄蕊4枚，花丝基部密生长柔毛。子房卵球形。

【花果期】

花果期5~8月。

【分布】

中国数字植物标本馆分布区信息：宝兴县邓池沟（海拔2 730 m）。

【本次调查分布】

宝兴县锅巴岩沟尾到三道牛棚（海拔3 347 m）。

【生境】

生于林下、路旁及潮湿处，海拔3 000~3 500 m。

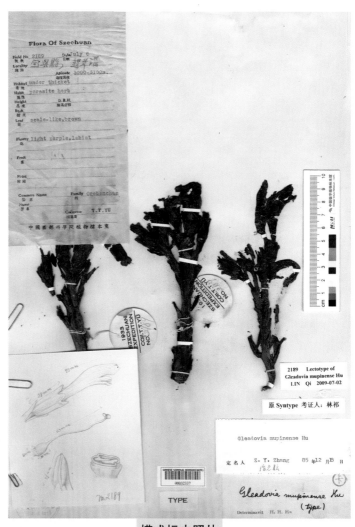

模式标本照片

地模植物照片

140 宝兴列当
Orobanche mupinensis H. H. Hu

【形态特征】

植株全株密被腺毛。叶卵状披针形或披针形；花序穗状，具 3~5 朵花；苞片卵状披针形。花萼不等长地 2 深裂，裂片顶端 2 浅裂，小裂片三角状披针形，顶端长渐尖。花冠淡黄色，筒状漏斗形，上唇顶端伸长成小尖头，内面近无毛，下唇短于上唇，裂片近圆形，内面被稀少的长柔毛，全部裂片外面被稀少的短腺毛，花丝着生于距筒基部，基部密被长柔毛，花药沿缝线密被白色柔毛。雌蕊子房狭椭圆形，花柱上部下弯并疏被短柔毛，柱头 2 浅裂。

【花果期】

花 期 6 月，果 熟 期 10~11 月。

【本次调查分布】

FTZT00700；宝 兴县 硗 碛 （3 044 m）；FTZT01308，宝兴县赶羊沟（2 057 m）。

【生境】

生于山坡和山谷的林中、林间空旷地或灌丛中，海 拔 500~1 000（~3 200）m。

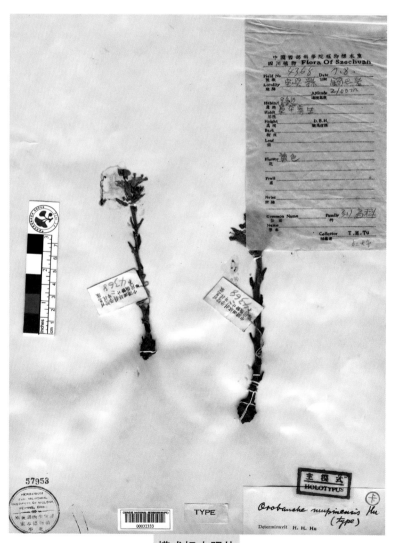

模式标本照片

地模植物照片

忍冬科　　Caprifoliaceae

141　短苞忍冬
Lonicera schneideriana Rehder

【形态特征】

落叶灌木。叶纸质，倒卵形或矩圆状倒卵形，下面带粉绿色。总花梗生于幼枝基部叶腋；苞片钻形，长为萼筒的 1/3~1/2；相邻两萼筒全部或几乎全部连合，萼檐长约为萼筒的 1/2，齿不等形，常极短而不明显；花冠淡黄白色，筒状，筒部一侧稍肿大，裂片近圆形，直立；花药稍超出花冠裂片；花柱伸出，有柔毛。果实红色，近圆形。

【花果期】

花期 5~6 月，果熟期 8 月。

【分布】

中国数字植物标本馆分布区信息：宝兴县赶羊村鹿井沟（海拔 3 000 m）。

【本次调查分布】

宝兴县菜塘沟（海拔 2 632 m）。

【生境】

生于山坡或山谷林中或灌丛中，海拔 1 300~3 100 m。

模式标本照片

地模植物照片

142 无毛淡红忍冬
Lonicera acuminata var.*depilata* P.S. Hsu & H.J. Wang

【形态特征】

落叶或半常绿藤本。植物体完全无毛或仅叶柄有少数糙毛。叶薄革质至革质，卵状矩圆形、矩圆状披针形至条状披针形，叶下面常带粉绿色。双花在小枝顶集合成近伞房状花序或单生于小枝上部叶腋；苞片钻形，比萼筒短或略较长；小苞片宽卵形或倒卵形，为萼筒长的2/5~1/3；萼筒椭圆形或倒壶形，萼齿卵形、卵状披针形至狭披针形或有时狭三角形，长为萼筒的2/5~1/4；花冠黄白色而有红晕，基部有囊。果实蓝黑色，卵圆形。

【花果期】

花期6月，果熟期10~11月。

【本次调查分布】

FTZT00700；宝兴县硗碛（3 044 m）；FTZT01308，宝兴县赶羊沟（2 057 m）。

【生境】

生于山坡和山谷的林中、林间空旷地或灌丛中，海拔500~1 000（~3 200）m。

【注】

FOC将此种处理为*Lonicera acuminata* Wallich 淡红忍冬。

模式标本照片

地模植物照片

143 川西忍冬
Lonicera webbiana var.*mupinensis* P.S.Hsu & H.J.Wang

【形态特征】

落叶灌木。叶纸质，卵状椭圆形至卵状披针形，边缘常不规则波状起伏或有浅圆裂，有睫毛，两面有疏或密的糙毛及疏腺。总花梗长 2.5~5（~6.2）cm；小苞片分离，卵形至矩圆形；相邻两萼筒分离，萼齿顶钝、波状或尖；花冠紫红色或绛红色，很少白色或由白变黄色，外面有疏短柔毛和腺毛或无毛，筒基部较细，具浅囊，下唇比上唇长 1/3；雄蕊长约等于花冠，花丝和花柱下半部有柔毛。果实圆形先红色后转黑色。

【花果期】

花期 5~6 月，果熟期 8 月中旬至 9 月。

【分布】

CVH 分布区信息：宝兴县冷木沟（海拔 2 750 m）。

【本次调查分布】

FTZT01191，宝兴县赶羊沟（海拔 2 890 m）；FTZT01295，宝兴县赶羊沟（海拔 2 885 m）。

【生境】

生于针、阔叶混交林、山坡灌丛中或草坡上，海拔 1 800~4 000 m。

【注】

FOC 将此种处理为 *Lonicera webbiana* Wallich ex Candolle 华西忍冬。

模式标本照片

地模植物照片

144 川西荚蒾
Viburnum davidii Franchet

【形态特征】

常绿灌木。叶厚革质，椭圆状倒卵形至椭圆形，具基部 3 出脉，全缘或有时中部以上疏生少数不规则牙齿。聚伞花序稠密，总花梗长（1~）1.5~3（~3.5）cm，花具极短花梗；萼筒钟形，萼齿披针形，长约为萼筒之半；辐状花冠暗红色，裂片圆形，为筒长的 2~4 倍；雄蕊长达花冠之半，花药红黑色。果实蓝黑色，卵圆形或椭圆状矩圆形。

【花果期】

花期 6 月，果熟期 9~10 月。

【分布】

CVH 分布区信息：宝兴县梅里川（海拔 1 440 m）。

【本次调查分布】

FTZT00043，宝兴县赶羊沟贵强湾沟口（海拔 2 120 m）；FTZT01009，宝兴县赶羊沟（海拔 2 357 m）。

【生境】

生于海拔 1 800~2 400 m 的山地。

模式标本照片

地模植物照片

菊 科 Asteraceae

145 穆坪兔儿风
Ainsliaea lancifolia Franchet

【形态特征】

多年生草本。根状茎直而短，根颈被黄褐色绵毛。发育正常的叶集生于茎的中部以下，叶片纸质，阔披针形、卵状披针或稀有近椭圆形，边缘有细齿，齿端有胼胝体状硬尖头，干时变黑色，叶脉呈淡红色；茎上部的叶卵形或卵状披针形，上面被长柔毛，下面被绒毛。头状花序狭，通常具花3朵，于茎顶排成狭长而略开展的圆锥花序；总苞圆筒形，外1~2层卵形，中层长圆形，最内层线形。花全为两性，花冠管状，短于冠毛，顶端不裂或具不明显的细齿；花药内藏，花柱分枝略叉开。瘦果倒卵状纺锤形，冠毛黄白色，羽毛状。

【花果期】

花期7~9月，果期9~11月。

【分布】

本次调查分布：宝兴县杉木沟（海拔1 233 m）、宝兴县冷木沟（海拔1 765 m）。

【本次调查分布】

宝兴县锅巴岩沟（海拔2 609 m）、宝兴县德胜沟（海拔2 023 m）。

【生境】

生长于林下和山谷阴处，海拔1 000~2 000 m。

模式标本照片

地模植物照片

146 狭苞薄叶天名精
Carpesium leptophyllum var. *linearibracteatum*
F. H. Chen & C. M. Hu

【形态特征】

多年生草本。茎上部圆锥状分枝。茎下部及中部叶卵形或椭圆状卵形，近膜质，骤然下延成顶部近于翅状的叶柄，边缘具略呈浅波状的浅齿，上面被稀疏柔毛，下面沿中肋及侧脉有极稀疏的柔毛，茎上部及枝上叶狭披针形。头状花序多数，苞叶条形或条状披针形，较总苞稍长或超过总苞2~3倍。总苞钟状，苞片3~4层，外层卵状披针形，内层矩圆形，有不规整的小齿。雌花狭筒状；两性花筒状。瘦果长约3 mm。

【花果期】

花期7~9月，果期9~10月。

【分布】

中国数字植物标本馆分布区信息：宝兴县若壁村大坪山（海拔1 700 m）。

【本次调查分布】

宝兴县赶羊沟（海拔2 355 m）、宝兴县锅巴岩沟尾到三道牛棚（海拔3 008 m）。

【生境】

生于山地草坡及林缘，海拔2 000~3 000 m。

模式标本照片

地模植物照片

147 镰叶紫菀
Aster falcifolius Handel-Mazzetti

【形态特征】

多年生草本。茎被疏微毛。下部叶在花期枯落；中部叶狭长披针形，基部圆形或楔形，无柄或短柄，全缘或中部以上有少数具小尖头的疏锯齿；上部叶线状披针形，所有叶上面无毛，下面沿脉有疏短毛。头状花序在花枝上顶生，或腋生。总苞近倒锥状；总苞片 3~4 层，覆瓦状排列，外层草质，披针形；内层边缘宽膜质，有缘毛；顶端草质，稀有毛。舌状花舌片线形，浅红紫色或白色，顶端尖或圆形；管状花花柱附片长 1 mm。冠毛稍红紫色，有时白色。瘦果长圆形。

【花果期】

花期 8~10 月，果期 10~11 月。

【分布】

中国数字植物标本馆分布区信息：宝兴县冷木沟（海拔 950 m）、宝兴县大池沟（海拔 1 800 m）。

【本次调查分布】

宝兴县冷木沟（海拔 1 730 m）。

【生境】

生于低山坡地、路边和溪岸，海拔 800~1 800 m。

模式标本照片

地模植物照片

148 细梗紫菊
Notoseris gracilipes C. Shih

【形态特征】

多年生草本。全部茎枝被多细胞节毛。中下部茎叶大头羽状全裂，有长 4~8 cm 的叶柄，顶裂片三角状戟形，侧裂片 1~2（3）对，同对侧裂片等大；中上部茎叶与中下部茎叶同形并等样分裂，但渐小或叶不裂，宽披针形、卵状披针形或线状长椭圆形。头状花序多数在茎枝顶端排成圆锥状花序，总苞片 3 层，中外层小，三角状披针形或披针形，内层长椭圆形或长椭圆状披针形；全部总苞片紫红色，无毛，顶端急尖或钝。紫色舌状小花 5 枚。瘦果倒披针形。

【花果期】

花果期 5~8 月。

【本次调查分布】

宝兴县冷木沟（海拔 1 707 m）、宝兴县黄店子沟沟口（海拔 1 839 m）。

【生境】

生于山坡林下，海拔 1 600~2 100 m。

模式标本照片

地模植物照片

149 腺毛掌裂蟹甲草
Parasenecio palmatisectus var. *moupinensis*
（Franchet） Y.L.Chen

【形态特征】

多年生草本。茎上部被腺状短柔毛或腺毛。叶具长柄，中部叶叶片全形宽卵圆形或五角状心形，羽状掌状 5~7 深裂，裂片长圆形，长圆状披针形或匙形，稀线形，背面被白色卷毛。头状花序较多数，在茎端排列成总状或疏圆锥状花序，开展或花后下垂；花序轴与梗腺状短柔毛或腺毛，具 1~2 线形小苞片。总苞片 4，线状长圆形。小花 4~5，花冠黄色，裂片卵状披针形；花药伸出花冠，基部具尾尖；花柱分枝外卷，顶端截形，被乳头状微毛。瘦果圆柱形；冠毛白色。

【花果期】

花期 7~8 月，果期 9~10 月。

【分布】

中国数字植物标本馆分布区信息：宝兴县赶羊沟猫子湾。

【本次调查分布】

宝兴县卡日沟（海拔 2 365 m）、宝兴县锅巴岩沟尾到三道牛棚（海拔 3 323 m）。

【生境】

生于海拔 2 300~3 400 m 的山坡林下、林缘或次生灌丛中。

模式标本照片

地模植物照片

150 耳叶风毛菊
Saussurea neofranchetii Lipschitz

【形态特征】

多年生草本。根状茎颈部有残存的叶。基生叶花期通常凋落，长椭圆形，基部楔形渐狭，无叶柄；中部与下部茎叶长圆形或长圆状倒披针形，基部楔形渐狭成具翼而圆耳状抱茎，边缘有细齿，齿顶有小尖头及稀疏的多细胞节毛；上部茎叶与中下部茎叶同形，顶端长渐尖，无柄，基部扩大，圆耳状抱茎。头状花序 1~3 个，单生茎枝顶端，有长花序梗，花序梗上部被稀疏的长柔毛。总苞钟状；总苞片约 4 层，几革质，顶端急尖或渐尖，常反折，外层卵形，内层长圆状披针形。小花紫红色。瘦果圆形，冠毛淡黄色。

【花果期】

花果期 7~10 月。

【分布】

中国数字植物标本馆分布区信息：宝兴县赶羊沟（海拔 2 948 m）。

【本次调查分布】

宝兴县三道牛棚到锅巴岩沟尾（海拔 3 837 m）、宝兴县赶羊沟（海拔 3 893 m）。

【生境】

生于林缘、山坡灌丛草地，海拔 3 000~3 800 m。

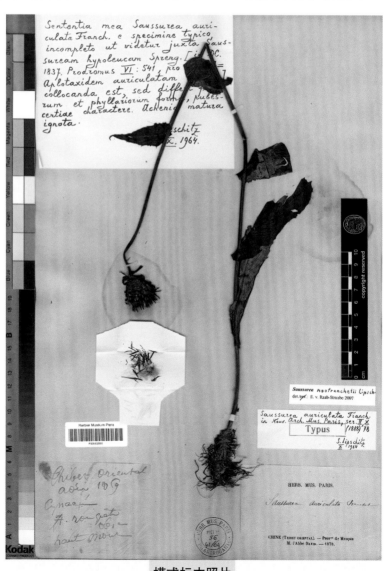

模式标本照片

地模植物照片

151 双花华蟹甲
Sinacalia davidii （Franchet） H.Koyama

【形态特征】

茎粗壮无毛，具粗厚块状根状茎及多数纤维状根。基部及下部茎叶花期凋落，中部茎叶叶片三角形或五角形，边缘具锐具小尖头齿，下面浅绿色，沿脉被疏蛛丝状毛及短柔毛，叶柄基部扩大且半抱茎；上部茎叶渐小，最上部叶卵状三角形。头状花小，多数排成顶生复圆锥状花序，花序轴及总花梗被黄褐色短柔毛；花序梗通常具 2~3 线形或线状披针形小苞片；总苞片 4~5，线状长圆形，具不明显 3 条脉。黄色舌状花 2，舌片长圆状线形；黄色管状小花 2 枚，稀 4 枚，裂片披针形；花药线状长圆形，花柱分枝外弯。瘦果圆柱形，冠毛白色。

【花果期】

花期 6~8 月，果期 8~10 月。

【分布】

中国数字植物标本馆分布区信息：宝兴县冷木沟（海拔 1 400 m）、宝兴县东河盐井岗沟林边（海拔 1 550 m）。

【本次调查分布】

宝兴县东拉山大峡谷鹿井沟口（海拔 1 690 m）。

【生境】

常生于草坡、悬崖、路边及林缘，海拔 900~3 200 m。

模式标本照片

地模植物照片

152 硬苞风毛菊
Saussurea coriolepis Handel-Mazzetti

【形态特征】

多年生无茎莲座状草本。根状茎被深褐色的叶残迹。叶莲座状，长椭圆形或线状长椭圆形，边缘反卷，基部楔形渐狭，有宽叶柄，叶柄中脉 1 条，叶上面干后黑色，被白色贴伏的稀疏长柔毛，下面浅绿色，边缘有长柔毛状缘毛。头状花序无小花梗，单生于莲座状叶丛中。总苞钟状，总苞片 4 层，外层椭圆形，顶端急尖，中层椭圆形至披针形，内层线状披针形，全部总苞片外面无毛。小花蓝色，瘦果无毛，冠毛褐色。

【花果期】

花果期 8 月。

【分布】

CVH 分布区信息：宝兴县赶羊沟（海拔 2 941 m）。

【本次调查分布】

FTZT01186，宝兴县赶羊沟（海拔 3 032 m）。

【生境】

生于山坡，海拔 4 000 m。

模式标本照片

地模植物照片

153 峨眉蒿
Artemisia emeiensis Y. R. Ling

【形态特征】

多年生草本。叶薄纸质，基生叶与茎下部叶卵形或长卵形，三回羽状全裂，花期叶凋谢；中部叶长卵形或卵形，二至三回羽状分裂；茎上部叶与苞片叶一至二回或一回羽状全裂或深裂。头状花序长卵球形，在分枝端或小枝上排成密穗状花序，而在茎上组成中等开展的圆锥花序；总苞片3~4层，外层卵形，中、内层总苞片长卵形，半膜质或膜质；雌花2~4朵，花冠狭管状，花柱伸出花冠外；两性花3~8朵，花冠管状，花药先端附属物尖，长三角形，花柱与花冠等长。瘦果倒卵形。

【花果期】

花果期8~11月。

【本次调查分布】

FTZT01226，宝兴县赶羊沟（海拔2 120 m）；FTZT01311，宝兴县赶羊沟（海拔2 685 m）。

【生境】

生于海拔2 500~2 800 m附近的林缘、林下及湿润的地区。

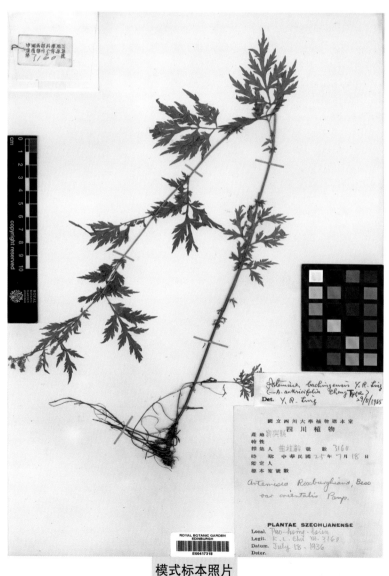

模式标本照片

地模植物照片

禾本科　Poaceae

154 宝兴野青茅
Deyeuxia moupinensis（Franchet）Pilger

【形态特征】

多年生草本。具短根状茎。秆平滑无毛，具 3~4 节，叶鞘被倒向的短毛或无毛；叶舌平截，长约 0.5 mm；叶片扁平或内卷，两面粗糙。圆锥花序紧密或稀疏松，常被顶生叶鞘所包；小穗草黄色或带淡紫色，两颖近等长，窄披针形，先端尖，粗糙，第一颖具 1 脉，第二颖具 3 脉；外稃具 5 脉，顶端 2 裂，裂齿达稃体的 1/3~1/2 处，芒自裂齿间伸出，明显伸出小穗之外，基盘两侧的柔毛等长于稃体；内稃约短于外稃 1/3，顶端微 2 裂；延伸小穗轴与其所被柔毛共长达 3 mm；花药长约 1.2 mm。

【花果期】

花果期 7~9 月。

【本次调查分布】

宝兴县冷木沟（海拔 1 547 m）、宝兴县三道牛棚到锅巴岩沟尾（海拔 3 626 m）。

【生境】

生于海拔 1 300~3 700 m 的山坡林下。

模式标本照片

地模植物照片

155 丘生野青茅
Deyeuxia arundinacea var. *collina* (Franchet) P. C. Kuo & S. L. Lu

【形态特征】

多年生草本。秆于花序下平滑。叶鞘平滑；叶舌较短，平截或卵状三角形；小穗长 3.5~4 mm；颖片背部具小糙硬毛或粗糙；外稃长约 3 mm，基盘两侧的柔毛长为稃体的 1/3；延伸小穗轴长约 1 mm，被长约 2 mm 的柔毛；花药长约 2 mm。

【花果期】

花果期 7~9 月。

【分布】

中国数字植物标本馆分布区信息：宝兴县若壁村大坪山（海拔 1 700 m）。

【本次调查分布】

宝兴县磨子沟（海拔 1 795 m）。

【生境】

生于海拔 3 000 m 的山坡林下。

模式标本照片

地模植物照片

莎草科　Cyperaceae

156　宝兴薹草
Carex moupinensis Franchet

【形态特征】

根状茎长而匍匐。秆高 20~50 cm 坚挺，三棱形。叶片平张，叶鞘口疏被长柔毛。苞片与叶近同型，短于花序，较支花序长。圆锥花序复出，单生支花序近伞房状；褐色小苞片披针形，疏被短柔毛。小穗单性，雌雄同株异序，雄性支花序生于上部，雌性的生于下部；小穗从囊状，雄性小穗长圆形，有时在基部具数朵雌花；雌性小穗长圆形，具多数密生的花，有时在顶端有少数雄花。雄花鳞片披针形，具 1 条中脉；雌花鳞片披针形，具狭的白色膜质边缘。果囊短于鳞片，倒卵形，顶端骤缩成短喙。小坚果三棱形倒卵形。

【花果期】

花果期 5~8 月。

【分布】

中国数字植物标本馆分布区信息：宝兴县蜂桶寨青山沟（海拔 1 720 m）。

【本次调查分布】

宝兴县杉木沟（海拔 1 233 m）、宝兴县扑鸡沟（海拔 1 938 m）。

【生境】

生于山坡阴处、路旁、沟边。

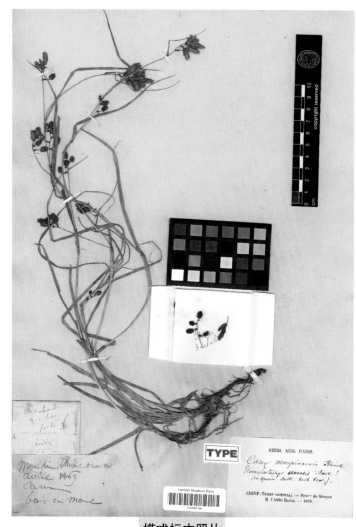

模式标本照片

地模植物照片

157 藏薹草
Carex thibetica Franchet

【形态特征】

　　根状茎粗壮。秆高 35~50 cm，钝三棱形，基部褐色叶鞘无叶片。革质叶长于秆。苞片短叶状，具长鞘。小穗 4~6 个，顶生 1 个雄性，窄圆柱形，具柄；侧生圆柱形小穗雄雌顺序，雄花部分通常与雌花部分等长。雌花鳞片卵状披针形，淡黄色带锈色，背面中间 3 脉绿色，具芒尖。膜质果囊长于鳞片，倒卵形，近膨胀三棱形，先端急缩成微下弯的长喙，喙圆柱状，喙口深裂成 2 齿。栗色小坚果紧包于果囊中，三棱状倒卵形，中部棱上缢缩，基部的柄弯曲；花柱宿存，柱头 3 个。

【花果期】

　　花果期 5~10 月。

【分布】

　　中国数字植物标本馆分布区信息：宝兴县大坪山（海拔 1 530 m）。

【本次调查分布】

　　宝兴县大水沟（海拔 1 818 m）、宝兴县胆巴沟（海拔 2 281 m）。

【生境】

　　生于林下，山谷湿地或阴湿石隙中，海拔 1 00~2 400 m。

模式标本照片

地模植物照片

158 镰喙薹草
Carex drepanorhyncha Franchet

【形态特征】

根状茎木质、斜生、坚硬，具匍匐茎。丛生秆高 20~45 cm，钝三棱形，基部具暗褐色分裂成纤维状的老叶鞘。叶长于秆，苞片鞘状，最下部的刚毛状。小穗 4~5 个，雄穗顶生，具短柄；侧生小穗雌性，狭圆柱形。雌花鳞片倒卵状长圆形，红棕色或棕褐色，边缘为白色膜质，背面中脉明显，顶端截形或微凹，具短尖。三棱形果囊长于鳞片，卵状纺锤形或狭椭圆形，密被短柔毛，黄绿色并带锈色，基部渐狭成长柄，上部急缩成喙，喙口斜截形具明显 2 齿。小坚果紧包于果囊中。

【花果期】

花果期 5~9 月。

【本次调查分布】

宝兴县大水沟（海拔 1 773 m）、宝兴县空石林景区（海拔 2 086 m）。

【生境】

生于林下，高山灌丛，草甸或河滩地、路边，海拔 1 650~3 200 m。

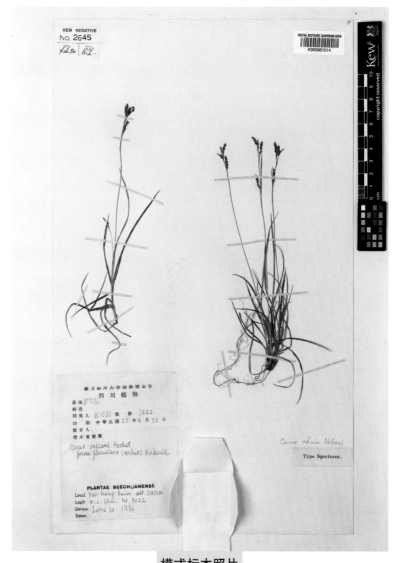

模式标本照片

地模植物照片

159 大果囊薹草
Carex magnoutriculata Tang & F.T.Wang ex L.K.Dai

【形态特征】

根状茎短。秆密丛生，高 30~85 cm，扁三棱形，基部少数叶鞘具很短叶片。叶短于秆或有时几乎与秆等长，宽 3~3.5 mm，边缘粗糙，具鞘口截形的长鞘。线形苞片叶片状，长不超过小穗。小穗 3~4 个，间距较疏远，顶生小穗雄性；雌小穗 2~3 个，长圆形。雄花鳞片披针形或长圆形，具 3 条脉；雌花鳞片卵形，上部边缘白色透明，具 1 条绿色的中脉。果囊长于鳞片，三棱状倒卵状椭圆形，顶端渐狭成长喙，喙口具二短齿。小坚果三棱形椭圆形，3 个细长柱头。

【花果期】

花果期 5~6 月。

【本次调查分布】

FTZT01307，宝兴县赶羊沟（海拔 2 390 m）。

【生境】

生于山坡空旷处、路旁或小溪边，海拔 1 400~2 600 m。

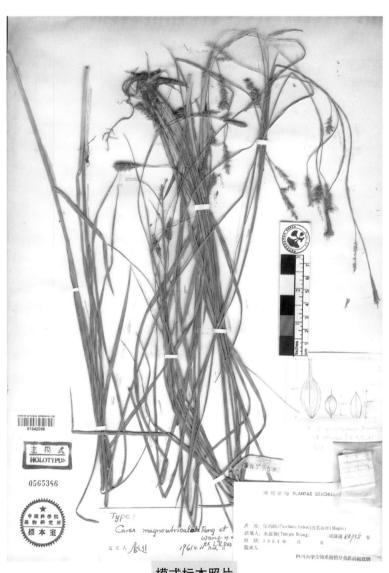

模式标本照片

地模植物照片

天南星科　　Araceae

160　象头花
Arisaema franchetianum Nelmes

【形态特征】

　　块茎扁球形，肉红色。膜质鳞叶 2~3 片，披针形，带紫色斑润，包围叶柄及花序柄，上部分离。具一全缘叶，叶柄肉红色，叶片绿色，3 全裂，裂片无柄或近无柄，中裂片卵形，宽椭圆形或近倒卵形，基部短楔形至近截形，骤狭渐尖；侧裂片偏斜，椭圆形，外侧宽几为内侧的 2 倍，比中裂片小。花序柄短于叶柄，果期下弯 180 度。佛焰苞污紫色、深紫色，具白色或绿白色宽条纹，管部圆筒形，喉部边缘反卷约 1 mm；檐部下弯成盔状，有长 1~2 cm 或 5~6 cm 以上的线形尾尖。肉穗花序单性，雄花序紫色，雄花具粗短的柄，附属器绿紫色，伸长的圆锥状。雌花序圆柱形，子房绿紫色，柱头明显凸起。浆果绿色，干时黄褐色。

【花果期】

　　花期 5~7 月，果期 9~10 月。

【本次调查分布】

　　宝兴县蜂桶寨（海拔 1 785 m）。

【生境】

　　生于林下、灌丛或草坡，海拔 960~3 000 m。

模式标本照片

地模植物照片

百合科 　　　　Liliaceae

161 宝兴百合
Lilium duchartrei Franchet

【形态特征】

鳞茎卵圆形，具走茎；鳞片卵形至宽披针形，白色。茎有淡紫色条纹。叶散生，披针形至矩圆状披针形。花单生或数朵排成总状花序或近伞房花序、伞形总状花序；苞片叶状，披针形；花白色或粉红色，有紫色斑点；花被片反卷，蜜腺两边有乳头状突起；花丝无毛，花药窄矩圆形；子房圆柱形；花柱长为子房的2倍或更长，柱头膨大。蒴果椭圆形。种子扁平，具1~2 mm宽的翅。

【花果期】

花期6~7月，果期9~10月。

【分布】

中国数字植物标本馆分布区信息：宝兴县兴隆甘木河沟；宝兴县锅巴岩沟。

【本次调查分布】

锅巴岩沟、邓池沟、大水沟。

【生境】

生于高山草地、林缘或灌木丛中，海拔2 000~3 500 m。

模式标本照片

地模植物照片

162 川百合
Lilium davidii Duchartre ex Elwes

【形态特征】

鳞茎扁球形或宽卵形，白色。茎高 50~100 cm，有的带紫色，密被小乳头状突起。叶条形多数，在中部较密集，边缘反卷并有明显的小乳头状突起，叶腋有白色绵毛。花单生或 2~8 朵排成总状花序，苞片叶状；橙黄色花下垂，向基部约 2/3 有紫黑色斑点外外轮花被片；内轮花被片比外轮花被片稍宽，蜜腺两边有乳头状突起，在其外面的两边有少数流苏状的乳突，花丝无毛；子房圆柱形，花柱长为子房的 2 倍以上，柱头膨大，3 浅裂。蒴果长矩圆形。

【花果期】

花期 6~7 月，果期 9~10 月。

【本次调查分布】

宝兴县硗碛（海拔 2 577 m）、宝兴县锅巴岩沟（海拔 2 002 m）。

【生境】

生山坡草地、林下潮湿处或林缘，海拔 850~3 200 m。

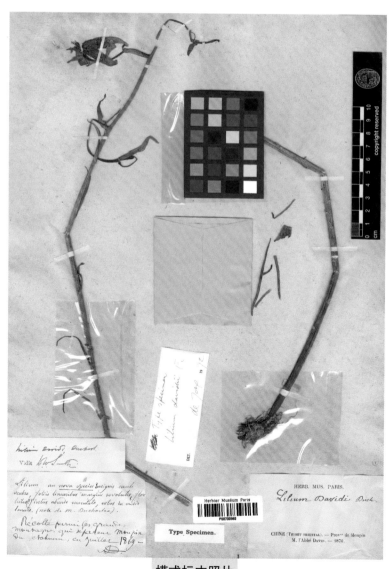

模式标本照片

地模植物照片

163 华西贝母
Fritillaria sichuanica S. C. Chen

【形态特征】

植株高 20~32 cm；鳞茎卵球形，白色肉质。茎无毛，具 5~6 片叶。叶在下部对生，上部散生或对生，条形或条状披针形。下垂花单朵，钟形，黄绿色，通常具紫色斑点或稍具方格斑；苞片叶状，1 枚；外花被片 3 枚，近长圆形，通常 9 脉；内花被片 3 枚，近倒卵形，与外花被片近相等，具 17~19 脉；蜜腺窝稍明显。雄蕊长为花被片的 1/2~3/5；花药近基生，柱头 3 裂，蒴果椭圆形，具 6 条凸起的棱，棱上有狭翅。

【花果期】

花期 5~6 月，果期 8~10 月。

【分布】

中国数字植物标本馆分布区信息：宝兴县打枪棚（海拔 4 050 m）。

【本次调查分布】

宝兴县三道牛棚到锅巴岩沟尾（海拔 3 789 m）。

【生境】

山坡灌丛和草坡，3 000~4 200 m。

模式标本照片

地模植物照片

164 米贝母
Fritillaria davidii Franchet

【形态特征】

植株长 10~33cm。鳞茎由 3~4 枚或更多球状鳞片和周围许多米粒状小鳞片组成，呈莲座状，直径 1~2 cm。茎上无叶，仅在顶端有 3~4 枚苞片（多少花瓣状）；基生叶 1~2 枚，椭圆形或卵形，长 3~5.5 cm，宽 2~2.8 cm，具长达 10~24 cm 的叶柄。花单朵，黄色，有紫色小方格，内面有许多小疣点；花被片长 3~4 cm，宽 7~14 mm，内 3 片稍宽于外 3 片；花药背着，柱头裂片长 5~6 mm。

【花果期】

花期 4 月。

【本次调查分布】

FTZT00332，宝兴县黄店子沟（海拔 2 412 m）；FTZT00571，宝兴县赶羊沟（海拔 2 386 m）。

【生境】

生于海拔 1 800~2 300 m 的河边草地或岩石缝中，以及阴湿多岩石之地。

【调查方法】

普通调查。

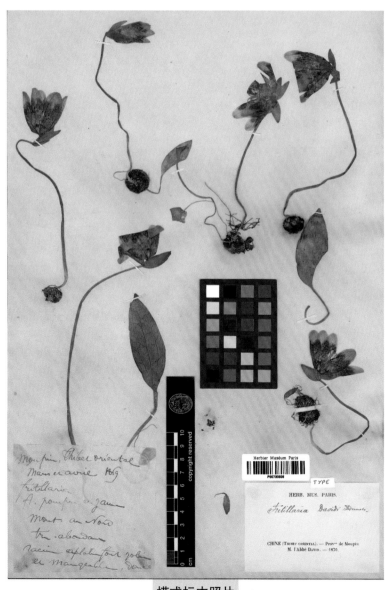

模式标本照片

地模植物照片

165 头花粉条儿菜
Aletris capitata F. T. Wang & Tang

【形态特征】

植株较矮小，具细长的纤维根。叶条形硬纸质。花葶密生短毛，中下部有几枚苞片状叶；总状花序缩短成头状或短圆柱状，密生多花；苞片 2 枚，披针形，位于花梗的下部或近基部，短于花；花被白色钟形，约分裂到中部或中部以下，裂片膜质，狭卵状矩圆形；雄蕊着生于裂片的基部，花药近球形；花柱长约 1.5 mm。蒴果卵形，无毛。

【花果期】

花期 6 月，果期 8 月。

【分布】

CVH 分布区信息：宝兴县赶羊沟（海拔 3 500 m）。

【本次调查分布】

FTZT01182，宝兴县赶羊沟（海拔 3 032 m）；FTZT01301，宝兴县赶羊沟（海拔 2 903 m）。

【生境】

生于岩石上或林下，海拔 2 450~3 500 m。

模式标本照片

地模植物照片

兰　科　　Orchidaceae

166 长距玉凤花
Habenaria davidii Franchet

【形态特征】

植株干后变成黑色，具长圆形块茎肉质。茎生叶片卵形、卵状长圆形至长圆状披针形，基部抱茎，向上逐渐变小。总状花序，花苞片披针形；扭转子房圆柱形；萼片边缘具缘毛，中萼片长圆形，凹陷呈舟状；侧萼片反折，斜卵状披针形；花瓣白色，斜披针形，外侧边缘不臌出，边缘具缘毛，与中萼片靠合呈兜状；唇瓣白色或淡黄色，在基部以上 3 深裂，裂片具缘毛；中裂片线形，先端急尖，与侧裂片近等长；侧裂片线形，外侧边缘为蓖齿状深裂，细裂片 7~10 条丝状；距细圆筒状，末端稍膨大而钝，较子房长；花药药隔顶部截平，花粉团狭椭圆形，具线形的柄和粘盘，退化雄蕊小，长椭圆形；柱头的突起物细长。

【花果期】

花期 6~8 月。

【本次调查分布】

宝兴县邓池沟（海拔 1 770 m）、宝兴县黄店子沟（海拔 1 976 m）。

【生境】

生于海拔 800~3 200 m 的山坡林下、灌丛下或草地。

模式标本照片

地模植物照片

167 独蒜兰
Pleione bulbocodioides （Franchet） Rolfe

【形态特征】

半附生草本。假鳞茎卵形至卵状圆锥形，顶端具 1 枚叶。叶狭椭圆状披针形或近倒披针形，基部渐狭成柄。花葶从无叶的老假鳞茎基部发出，下半部包藏在 3 枚膜质的圆筒状鞘内，顶端具 1~2 花；花苞片线状长圆形，花粉红色至淡紫色，唇瓣上有深色斑；中萼片近倒披针形；侧萼片狭椭圆形或长圆状倒披针形；花瓣倒披针形，唇瓣轮廓为倒卵形或宽倒卵形，不明显 3 裂，上部边缘撕裂状，基部楔形并多少贴生于蕊柱上，通常具 4~5 条褶片；褶片啮蚀状，高可达 1~1.5 mm，向基部渐狭直至消失；中央褶片常较短而宽，有时不存在；蕊柱多少弧曲，两侧具翅；蒴果近长圆形。

【花果期】

花期 4~6 月。

【本次调查分布】

宝兴县大水沟（海拔 1 738 m）、宝兴县大池沟（海拔 1 997 m）。

【生境】

生于常绿阔叶林下或灌木林缘腐殖质丰富的土壤上或苔藓覆盖的岩石上。

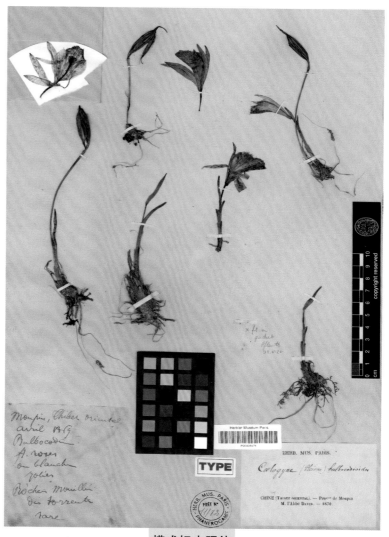

模式标本照片

地模植物照片

168 四川红门兰
Orchis sichuanica K.Y. Lang

【形态特征】

植株高 19~32 cm。肉质块茎长圆形或椭圆形。茎较细长或粗壮，近基部具 2 枚筒状鞘，鞘之上具叶。叶 2~3 枚，直立伸展，最下面 1 枚较大，长圆形、卵形或狭长圆形，基部收狭、抱茎，上面的 1~2 枚渐变小。花序具 2~6 朵花；花苞片直立伸展，卵状披针形；扭转子房圆柱状，花紫罗兰色，萼片具细的乳突，边缘全缘或有时多少具乳突状睫毛；中萼片椭圆形，具 3 脉；侧萼片斜卵形，反折，具 3~4 脉；直立花瓣斜卵形，与中萼片靠合呈兜状，较中萼片短，边缘具明显的乳突状睫毛，具 3 脉；唇瓣反折，轮廓为宽倒卵形，边缘具乳突状睫毛，基部具距，近中部 3 裂，中裂片长圆形、四方形、卵形或倒卵形，前部圆形，先端急尖或凹陷；距圆筒状，与子房近等长或较子房长。

【花果期】

花期 5~7 月。

【本次调查分布】

FTZT01350，宝兴县卡日沟（海拔 2 576 m）。

【生境】

生于海拔 2 400 ~2 450 m 的山坡草地。

【注】

FOC 将此种处理为 *Ponerorchis sichuanica* K. Y. Lang（S.C.Chen）四川小红门兰。

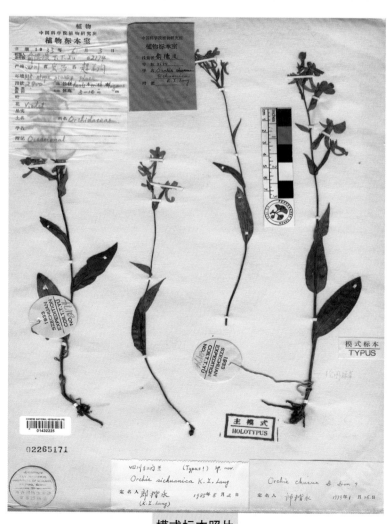

模式标本照片

地模植物照片

三尖杉科　　Cephalotaxaceae

169　粗　榧

Cephalotaxus sinensis（Rehder & E.H.Wilson）H.L.Li

【形态特征】

灌常绿小乔木。树皮灰褐色，呈条状剥落；枝轮生。叶螺旋状互生，具短柄，线形，微呈镰刀状弯曲，基部楔形，先端急尖，背面有两条灰白色气孔带。花单性，雌雄异株；雄花呈球形头状花序，腋生；雌花序具梗，由2~20鳞片组成，每鳞片有2直生胚珠，常少数发育。种子核果状，长椭圆形，成熟时外为红褐色假种皮所裹。

【花果期】

花期3月，果期10月。

【本次调查分布】

宝兴县雪山村（海拔1 095 m）。

【生境】

生于海拔100~2 000 m林中。

模式标本照片

地模植物照片

木犀科   Oleaceae

170 羽叶丁香
Syringa pinnatifolia Hemsley

【形态特征】

直立灌木。枝常呈四棱形，树皮呈片状剥裂。叶为羽状复叶，具小叶 7~11（~13）枚，小叶片对生或近对生，卵状披针形、卵状长椭圆形至卵形，叶缘具纤细睫毛，无小叶柄。圆锥花序由侧芽抽生；花序轴、花梗和花萼均无毛；花萼齿三角形，先端锐尖、渐尖或钝；花冠白色、淡红色，略带淡紫色，花冠管略呈漏斗状，裂片卵形、长圆形或近圆形；花药黄色，着生于花冠管喉部以至距喉部达 4 mm 处。果长圆形。

【花果期】

花期 5~6 月，果期 8~9 月。

【本次调查分布】

FTZT00490，宝兴县蚂蟥沟（海拔 1 988 m）；FTZT00574，宝兴县赶羊沟（海拔 2 386 m）；FTZT01013，宝兴县赶羊沟（海拔 2 377 m）。

【生境】

生山坡灌丛，海拔 2 600~3 100 m。

模式标本照片

地模植物照片

壳斗科　Fagaceae

171　扁刺锥（扁刺栲）
Castanopsis platyacantha Rehder & E. H. Wilson

【形态特征】

乔木。树皮灰褐黑色。叶革质，卵形，长椭圆形，常兼有倒卵状椭圆形的叶，通常一侧略偏斜，叶缘中或上部有锯齿状裂齿，或兼有全缘叶，成长叶黄灰或银灰色。花序自叶腋抽出，雄花序穗状或为圆锥花序。果序长 8~15 cm，壳斗近圆球形或阔椭圆形，不规则 2~4 瓣开裂，下部合生成刺束，有时连生成鸡冠状刺环，壳壁及刺被灰棕色微柔毛，每壳斗有坚果 1~3 个；坚果阔圆锥形，密被棕色伏毛，果脐约占坚果面积的 1/3。

【花果期】

花期 5~6 月，果次年 9~11 月成熟。

【本次调查分布】

FTZT00372，宝兴县空石林景区（海拔 1 897 m）。

【生境】

生于海拔 1 500~2 500 m 山地疏或密林中，干燥或湿润地方，有时成小片纯林。

模式标本照片

FTZT00372

地模植物照片

芸香科 Rutaceae

172 毛叶花椒
Zanthoxylum bungeanum var.*pubescens* C.C.Huang

【形态特征】

　　新生嫩枝、叶轴及花序轴、小叶片两而均被柔毛，有时果梗及小叶腹面无毛。本变种分为二类，一类的小叶薄纸质，干后两而颜色明显不同，叶背淡灰白色，果梗纤细而延长；另一类的小叶厚纸质，叶面及果梗无毛，侧脉在叶面凹陷呈细裂沟状，小叶两面近于同色，干后红棕色，果梗较粗。

【花果期】

　　花期 5~6 月，果期 10~11月。

【分布】

　　CVH 分布区信息：宝兴县锅巴岩沟（海拔 1 885 m）、宝兴县小灯笼沟口（海拔 2 525 m）。

【本次调查分布】

　　FTZT00072，宝兴县黄店子沟（海拔 2 166 m）；FTZT01285，宝兴县赶羊沟（海拔 2 600 m）。

【生境】

　　生于海拔 2 500~3 200 m 山地。

模式标本照片

地模植物照片

安息香科　　　　　Styracaceae

173　小叶安息香
Styrax wilsonii Rehder

【形态特征】

灌木。叶纸质，倒卵形或近菱形，少数为椭圆状卵形，边缘有粗齿或顶端有 2~4 齿裂，上面浅绿色，仅叶脉上疏被星状细绒毛，其余无毛而粗糙，下面密被灰白色星状细绒毛，而叶脉上疏被黄褐色星状短柔毛。总状花序顶生；花白色，花萼杯状，外面密被星状绒毛和疏被黄褐色星状短柔毛；花冠裂片长圆形，两面密被淡黄色星状短柔毛，花蕾时作覆瓦状排列；雄蕊 10（-11-12）枚，较花冠稍短；花柱较花冠稍长。果实近球形，顶端具短尖头，密被绒毛。

【花果期】

花期 5~7 月，果期 8~10 月。

【分布】

CVH 分布区信息：宝兴县若壁村大沟头（1 800 m）。

【本次调查分布】

FTZT01370，宝兴县若壁沟（1 397 m）。

【生境】

生于海拔 1 300~1 700 m 的林中或灌丛中。

模式标本照片

地模植物照片

石竹科　　　　Caryophyllaceae

174 细柄繁缕
Stellaria petiolaris Handel-Mazzetti

【形态特征】

多年生草本。茎多数，铺散或上升。顶部数对叶较中部者稍紧密，叶片狭卵形。二歧聚伞花序具长花序梗，疏松，具多数花；下部苞片草质，其余苞片膜质；花序梗及花梗细，急下折并向外弓曲；萼片 5，披针形，无毛或初期被长毛；花瓣 5，白色，与萼片等长，2 深裂至基部，裂片狭线形；雄蕊与花瓣近等长；花柱 3，与花丝等长。蒴果短于宿存萼 2 倍；种脊具小瘤。

【花果期】

花期 6~7 月，果期 8~9 月。

【本次调查分布】

FTZT00259，宝兴县赶羊沟（海拔 2 384 m）。

【生境】

生于海拔 1 800~2 700（~3 700）m 的云杉林、高山栎林林下或灌丛草甸中，阳处。

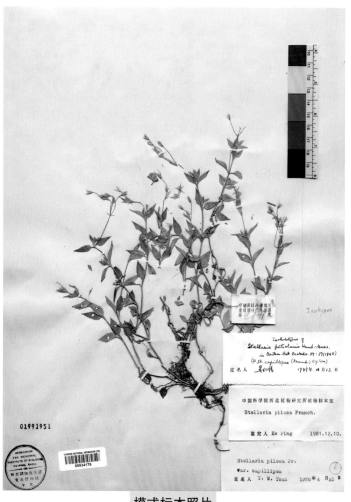

模式标本照片